SHANGHAI ELECTRIC

ANQUANSHENGCHANHUANJINGBAOHUGUANLIZHIDU

上海电气
安全生产环境保护管理制度

上海电气集团股份有限公司　　编著
中国安全生产科学研究院

中国市场出版社
China Market Press
·北京·

图书在版编目（CIP）数据

上海电气安全生产环境保护管理制度 / 上海电气集团股份有限公司，中国安全生产科学研究院编著.
—北京：中国市场出版社，2016.6

ISBN 978 - 7 - 5092 - 1398 - 8

Ⅰ.①上… Ⅱ.①上… ②中… Ⅲ.①电气安全–安全管理–监管制度–研究–上海市②电气安全–安全生产–生产环境–环境保护–研究–上海市 Ⅳ.①TM08 ②X322

中国版本图书馆 CIP 数据核字（2016）第 127131 号

上海电气安全生产环境保护管理制度

SHANGHAI DIANQI ANQUAN SHENGCHAN HUANJING BAOHU GUANLI ZHIDU

编　　著：上海电气集团股份有限公司 中国安全生产科学研究院

责任编辑：宋　涛（zhixuanjingpin@ 163. com）

出版发行：中国市场出版社

社　　址：北京市西城区月坛北小街 2 号院 3 号楼 （100837）

电　　话：（010） 68034118/68021338/68022950/68020336

经　　销：新华书店

印　　刷：河北鑫宏源印刷包装有限责任公司

开　　本：170mm×240mm　　1/16

印　　张：18.5　　　字　　数：300 千字

版　　次：2016 年 6 月第 1 版　　印　　次：2016 年 6 月第 1 次印刷

书　　号：ISBN 978 - 7 - 5092 - 1398 - 8

定　　价：48.00 元

《上海电气安全生产环境保护管理制度》

编委会

主　　任	郑建华
副 主 任	张兴凯　吕亚臣　朱　斌
主　　编	曾　愉
执行主编	刘光龙
编审人员	曾明荣　王善文　赵宏坤
	任智刚　王利群　俞筱筱
	龚　慧　江燕云　印志涛
	苏　骏　吕坚文　何　奕
	李一奇

安全生产、环境保护方针

人的生命高于一切，畅享安全、绿色制造、共创未来。

安全生产、环境保护目标

对标国际一流，构建以标准化管理为支撑的制度体系、以安全环保责任清单为抓手的责任体系、以安全环保垂直职能分配为核心的职能体系，形成集团安全环保工作多边化、多维度的生态化管理监督工作格局。

《上海电气安全生产环境保护管理制度》
发布令

　　按照集团"一个主题，五个化"的战略，上海电气安全生产、环境保护工作在"SEC-LOVE"体系的主导下，全面落实安全生产、环境保护工作集团管控化和运行扁平化的要求。

　　为保障上海电气自上而下扎扎实实做好安全生产、环境保护管理工作，全面贯彻"人的生命高于一切，畅享安全、绿色制造、共创未来"的安全环保方针，切实加强安全生产、环境保护管理，保证职工在生产过程中的安全和健康，确保上海电气安全发展、绿色发展。经专家评审和2016年5月26日上海电气安全生产、环境保护委员会2016年第二次会议审议通过的《上海电气安全生产、环境保护管理制度》，现予公布，自公布日起施行。

批准人：

2016 年 6 月 16 日

目 录

上海电气安全生产环境保护管理规定 …………………………………… 1

1 目标职责 ……………………………………………………………… 13

1.1 安全生产环境保护方针目标与指标管理制度 ………………… 13

附件1 安全生产环境保护承诺实施办法 ………………… 15

1.2 安全生产环境保护责任制 ………………………………………… 16

附件1 安全生产环境保护党政同责实施办法 ………………… 27

附件2 安全生产环境保护委员会成员主要职责 ………………… 29

附件3 产业集团安全生产责任清单 ……………………… 32

附件4 生产性企业安全生产责任清单 ……………………… 33

附件5 法人代表或受权人签字确认安全生产主要事项 ………… 34

附件6 从业人员安全生产环境保护守则 ……………………… 35

附件7 领导干部生产现场带班实施办法 ……………………… 36

附件8 安全生产环境保护约见谈话实施办法 ………………… 37

1.3 安全生产环境保护职能机构设置及人员任命实施细则 ………… 40

1.4 安全生产环境保护费用保障实施细则 ………………… 43

2 基础管理 ……………………………………………………………… 47

2.1 安全生产环境保护法律法规及其他要求获取识别评价 ………… 47

表单 适用法律法规标准及其他要求清单 ………………… 50

　　2.2 安全生产环境保护制度更新实施细则 ……………………… 51

　　2.3 安全生产环境保护档案管理实施细则 ……………………… 53

　　2.4 劳动合同安全监督管理实施细则 …………………………… 57

　　2.5 安全生产环境保护信息公开实施细则 ……………………… 59

　　2.6 安全生产环境保护会议实施细则 …………………………… 61

3 教育培训 ……………………………………………………… 65

　　3.1 安全生产环境保护教育培训管理制度 ……………………… 65

　　　　附件1 安全生产企业体验馆管理实施办法 ……………… 68

　　　　附件2 企业新任领导岗前安全生产环境保护教育培训

　　　　　　　实施办法 ……………………………………………… 70

　　3.2 从业人员安全生产教育培训大纲 …………………………… 71

4 隐患、风险及预防管控 ……………………………………… 83

　　4.1 安全生产环境保护检查制度 ………………………………… 83

　　4.2 生产安全事故隐患及环境污染隐患排查治理制度 ………… 86

　　4.3 事故隐患整改分级挂牌督办实施细则 ……………………… 89

　　4.4 危险源环境因素辨识及安全与环境风险评价控制 ………… 94

　　4.5 安全生产预测预警管理实施细则 …………………………… 97

　　　　附件1 安全生产预警指数评定标准 ……………………… 101

　　　　表单 安全生产预警通知单 ………………………………… 103

5 事故管理 ……………………………………………………… 105

　　5.1 生产安全事故环境污染事件报告处理统计管理制度 ……… 105

　　　　表单 事故快报表 …………………………………………… 113

6 应急管理 ……………………………………………………… 115

　　6.1 安全生产环境保护应急管理制度 …………………………… 115

7 过程控制 ……………………………………………………… 119

　　7.1 生产设备设施安全管理制度 ………………………………… 119

　　7.2 安全生产职业卫生和环境保护设施管理实施细则 ………… 122

　　7.3 特种设备安全管理实施细则 ………………………………… 124

7.4 安全生产环境保护和职业病危害警示标志管理实施细则 …… 127

7.5 作业过程安全生产环境保护管理制度 ……………………… 130

    附件 1 常用生产现场安全管理规范要求 ……………… 133

    附件 2 企业搬迁安全生产环境保护管理规定 ………… 137

7.6 特种作业及特种设备作业安全管理实施细则 ………… 139

    附件 1 特种作业的范围 ………………………………… 141

    附件 2 特种设备作业种类与项目 ……………………… 143

7.7 危险化学品安全管理制度 ………………………………… 145

7.8 液氨使用安全管理实施细则 ……………………………… 148

    表单 液氨使用(储存)单位安全检查表 ……………… 150

7.9 危险作业安全管理制度 …………………………………… 153

    表单 危险作业审批表 …………………………………… 157

7.10 起重吊装作业安全管理实施细则 ……………………… 158

    表单 大型构件起重吊装作业审批表 ………………… 163

7.11 高处作业安全管理实施细则 …………………………… 164

    表单 高处作业审批表 …………………………………… 168

7.12 临时用电作业安全管理实施细则 ……………………… 169

    表单 临时用电线路装接申请单 ……………………… 175

7.13 有限空间作业安全管理实施细则 ……………………… 176

    表单 有限空间作业审批表 …………………………… 179

7.14 放射性作业安全生产、环境保护管理实施细则 …………… 180

    表单 放射性作业(室外)审批表 ……………………… 183

7.15 动火作业安全管理实施细则 …………………………… 184

    表单 动火作业审批表 …………………………………… 187

7.16 易燃易爆粉尘作业场所安全管理实施细则 …………… 188

7.17 安全生产标准化建设工作管理细则 …………………… 190

7.18 班组安全生产环境保护管理实施细则 ………………… 192

    表单 班组安全标准考评表 …………………………… 194

7.19 相关方安全管理制度 …………………………………… 201

    附件 1 生产性企业相关方安全生产环境保护责任清单 ……… 204

7.20 建设工程安全生产环境保护管理制度 ·············· 209

7.21 生产性建设项目安全生产职业卫生设施"三同时"
管理制度 ······················ 215

8 环境保护 ······················ 221

8.1 环境监测实施细则 ····················· 221

附件1 环境监测项目与频次基础要求 ··········· 223

8.2 清洁生产和清洁生产审核实施细则 ··········· 224

8.3 环境影响评价及环境保护设施"三同时"审批实施细则 ········ 226

8.4 固体废弃物管理实施细则 ················ 230

附件1 一般工业固体废物负面清单 ··········· 234

9 职业健康 ······················ 237

9.1 职业病危害防护管理制度 ················ 237

9.2 劳动防护用品管理制度 ················· 240

9.3 女职工和未成年工劳动保护管理制度 ········· 243

9.4 防暑降温措施管理制度 ················· 245

10 专项管理 ······················ 249

10.1 工厂交通安全管理制度 ················· 249

10.2 消防安全管理制度 ··················· 253

10.3 防汛防台管理制度 ··················· 258

10.4 餐饮场所卫生安全管理制度 ·············· 261

11 持续改进 ······················ 269

11.1 安全生产环境保护绩效考核管理制度 ········· 269

附件1 安全生产环境保护履职考核实施办法 ······· 271

附件2 主要责任人安全生产、环境保护失职处罚清单 ······· 274

11.2 安全生产环境保护奖惩管理制度 ············ 276

11.3 安全生产环境保护管理评审 ·············· 278

表单 安全生产环境保护管理评审结果汇总表 ······· 281

上海电气 安全生产环境保护管理规定

1 概述

1.1 目的

为规范集团、产业集团及下属单位安全生产和环境保护管理工作，落实安全生产和环境保护管理主体责任，特制定本规定。

1.2 适用范围及有效性

本制度适用于上海电气集团股份有限公司及下属单位，上海电气（集团）总公司及下属单位参照执行。

1.3 缩写和定义

1.3.1 集团

指上海电气集团股份有限公司。

1.3.2 产业集团

指产业集团、功能性公司、直属单位。

1.4 本次调整内容

本制度在2012年发布的《上海电气安全生产监督管理规定》、《上海电气企业安全生产管理规定》、《上海电气安全生产监察条例》和2015年发布的《上海电气生产性企业环境保护管理规定》基础上进行格式调整，根据《中华人民共和国安全生产法》、《中华人民共和国环境保护法》和《上海市安全生产条例》、《上海市环境保护条例》对内容进行修订。自本制度发布起，原《上海电气安全生产监督管理规定》、《上海电气企业安全生产管理规定》和《上海电气生产性企业环境保护管理规定》废止。

2 职责和授权

责任主体	职责和授权
集团、产业集团	负责下属单位安全生产、环境保护管理监督
单位	负有安全生产、环境保护主体责任
单位主要负责人	本单位安全生产、环境保护第一责任人,对安全生产、环境保护工作负全面领导责任

3 文件主要内容

3.1 目标职责管理

3.1.1 方针目标

(1)单位应根据实际情况,制定安全生产、环境保护方针,并组织宣贯。

(2)单位每年年初应根据上一年度安全生产、环境保护绩效评估和本年度生产运行计划分析结果,制定本年度安全生产、环境保护目标与指标。

(3)单位应至少每季度对安全生产、环境保护目标与指标的运行情况、实施效果检查一次,并形成记录并存档。

(4)单位主要负责人或受权的相关职能部门,每年应对目标与指标的完成情况进行评估,并将评估结果作为下一年度目标与指标的制定依据。

3.1.2 责任制

(1)单位应根据"谁主管、谁负责"、"管行业必须管安全、管业务必须管安全、管生产经营必须管安全"等要求,建立安全生产、环境保护责任制度,明确各岗位的责任人员、责任范围和考核标准等内容。

(2)单位应对安全生产、环境保护责任制落实情况进行监督考核,并作为年度安全生产、环境保护绩效考核重要考核内容之一。

3.1.3 组织机构

(1)单位应成立安全生产、环境保护委员会(以下简称为安环委),建立健全安全生产、环境保护管理网络。

(2)单位应按要求设置安全生产、环境保护职能部门,或按照比例配备专职安全生产、环境保护管理人员。

（3）单位应设安环委办公室，安环委办公室主任一般由安全生产、环境保护职能部门的主要负责人担任。

3.1.4 投入保障

（1）单位安全生产、环境保护费用实行预算管理，由安全生产、环境保护职能部门会同生产、设备、人事等相关部门编制投入计划，确定安全生产、环境保护费用预算。

（2）单位应按法律法规及相关要求，提取和使用安全生产、环境保护费用。

（3）单位提取的安全生产、环境保护费用应专户核算，当年安全生产、环境保护费用提取不足的，按正常成本费用渠道列支。

（4）单位安全生产、环境保护职能部门应对安全生产、环境保护费用使用情况，实施过程监督。

3.2 基础管理

3.2.1 法律法规及其他要求

（1）单位应建立法律法规、标准和其他要求的有效获取渠道，定期组织相关专业人员，开展法律法规、标准和其他要求等内容的获取，并编制法律法规、标准和其他要求清单。

（2）单位应每年对本单位适用的安全生产、环境保护法律法规、标准和其他要求清单进行一次更新。

3.2.2 制度更新

（1）单位应根据本单位使用的法律法规、标准和其他要求清单，定期更新安全生产、环境保护规章制度和操作规程。

（2）非控股企业应根据集团提供安全生产、环境保护相关制度文件，适时组织对标。

3.2.3 档案

（1）单位应明确安全生产、环境保护档案的管理部门、人员。

（2）归档的安全生产、环境保护文件，应完整、准确和系统，文件书写和载体材料应能耐久保存，文件材料整理符合规范。

（3）归档的电子文件，应有相应的纸质文件材料一并归档保存。

3.2.4 劳动合同

（1）单位应组织从业人员进行岗前体检。

（2）单位应在劳动合同中载明相关保障从业人员劳动安全、防止职业危害的事项，以及为其办理的工伤保险等内容。

（3）单位禁止以任何形式与从业人员订立协议，免除或者减轻其对从业人员因生产安全事故伤亡依法应承担的责任。

3.2.5 信息公开

单位应建立健全本单位的安全生产、环境保护信息公开制度，及时、如实公开安全生产、环境保护信息。

3.2.6 会议

（1）单位安环委每季度应至少召开一次会议，安环委主任或安全生产、环境保护管理者代表是会议召集人。

（2）集团安全生产、环境保护工作会议每年应至少召开一次；产业集团、重点单位安全生产工作会议 2～3 个月应召开一次。

（3）根据安全生产、环境保护工作实际情况，单位 2～3 个月召开一次安全生产、环境保护工作例会，安全生产、环境保护职能部门负责人是会议召集人。

（4）根据安全生产、环境保护工作实际需要，安环委可组织召开安全生产、环境保护专题工作会议。

3.3 培训管理

3.3.1 各级负责人培训

（1）单位主要负责人、分管安全生产负责人在任职 3 个月内，应参加安全培训，并经考核合格后持证上岗。

（2）单位主要负责人、分管安全生产负责人初次安全培训时间不少于 32 学时；每年再培训时间不少于 12 学时。

3.3.2 管理人员培训

（1）安全生产管理人员、中层干部在任职前应参加安全培训，并经考核合格后持证上岗。

（2）安全生产管理人员、中层干部初次安全培训时间不少于 32 学时；每年再培训时间不少于 12 学时。

3.3.3 操作人员培训

（1）生产班组长、工段长应参加班组长安全生产培训，经考核合格后持证上岗。

（2）特种作业人员和特种设备作业人员应按照法律法规及相关要求持证上岗，每年安全知识和技能再培训不少于16学时。

（3）新员工上岗前应接受三级安全教育，培训时间不少于24学时。

（4）农民工应在三级安全教育完成后，参加具有培训资质机构实施的农民工安全生产培训和考核，持证上岗。

（5）离岗6个月以上的或者换岗的从业人员，应进行二级和三级安全教育，经考试合格后方可从事新岗位工作。

（6）单位采用新工艺、新技术、新设备、新材料时，应对从业人员进行专门的安全教育和培训。

（7）单位岗位调整导致从业人员接触的职业病危害因素发生变化的，应重新对其进行上岗前职业卫生培训。

（8）单位应对污染设施操作人员进行岗位培训和考核，考核合格后方可上岗。

3.3.4 培训信息

（1）单位应建立安全生产、环境保护教育和培训档案，如实记录培训时间、内容、参加人员以及考核结果等情况。

（2）单位应将培训信息情况按要求定期上报。

3.4 风险管理

3.4.1 危害辨识和评价

单位应定期组织开展危险源、环境因素辨识，并对危害程度进行评价；告知从业人员。

3.4.2 风险管理和控制

（1）单位应加强危险源、环境因素管理，建立健全安全生产、环境保护技术控制措施和组织管理措施。

（2）单位应每年组织开展一次危险源、环境因素变更情况评估，对原有及新增危险源、环境因素的等级进行重新评定。

3.4.3 隐患排查治理

（1）单位应建立隐患排查治理机制，明确单位负责人、部门（车间）负责人、班组负责人和具体岗位从业人员的隐患排查治理责任范围。

（2）单位应建立隐患排查治理奖惩机制，对未定期排查或未及时有效整改的部门和个人实施责任追究，对成效突出的部门和个人给予奖励。

（3）单位应保证隐患排查治理所需的资金。

3.4.4 检查

（1）单位应于每年年初制订安全生产、环境保护检查计划，并下发。

（2）单位应根据安全生产、环境保护检查计划，开展安全生产、环境保护检查。

3.4.5 预测预警

（1）单位应建立安全生产预测预警指数体系。

（2）单位应根据预测结果，及时发布预警信息。

3.5 事故管理

3.5.1 事故救援

单位发生生产安全事故或突发环境污染事件，按照法律法规及相关要求，开展事故救援工作。

3.5.2 事故报告

单位应按法律法规及相关要求，及时、准确、完整地报告生产安全事故和突发环境污染事件。

3.5.3 调查处理

（1）单位安全生产、环境保护职能部门在事故发生后，应及时开展现场检查和调查，事故调查应执行"四不放过"原则。

（2）对事故调查组提出的防范措施和处理意见，单位应按照相关规定及时落实。

3.5.4 统计分析

（1）单位应按照法律法规及相关要求，全面、如实地填报生产安全事故统计报表。

（2）单位应制定本单位生产安全事故调查和统计分析制度，加强生产安全事故以及险肇事故深层次原因分析。

3.5.5 信息发布

（1）Ⅱ级及以上事故，由集团安环委办公室报经集团同意后，由集团总裁办统一协调发布信息。

（2）Ⅲ级事故，由单位安环委办公室报经单位主要负责人和上级主管部门同意后，发布信息。

3.6 应急管理

3.6.1 应急预案

（1）集团安环委办公室负责建立集团应急预案体系，单位应按照法律法规及相关要求，编制单位应急预案。

（2）单位应对应急预案进行评审或论证，由单位主要负责人签署发布，并在公布后30日内向行政主管部门申请备案。

（3）单位应及时组织应急预案修订。

3.6.2 应急准备

（1）单位应建立应急培训制度，对应急指挥人员、应急管理人员、应急救援人员等开展应急培训。

（2）单位每年应至少组织一次应急教育，普及生产安全事故、突发环境事件的预防、避险、自救和互救知识。

（3）单位应建立健全应急演练制度，每年定期开展应急演练，评估完善应急预案。

（4）单位应根据应急要求配备相应的应急资源，建立使用状况档案，定期检测和维护，使其处于良好状态。

3.6.3 应急处置

（1）生产安全事故、环境污染事件发生后，单位应根据应急预案及时启动应急处置工作。

（2）生产安全事故、环境污染事件处置完成后，单位应对应急处置工作进行总结，并修订完善应急预案。

3.7 过程控制管理

3.7.1 设备设施

（1）单位应建立设备设施管理制度，设备设施的采购、安装、调试、验收应符合法律法规及相关要求，并指定专人负责。

（2）单位应加强设备设施日常保养和维护，并定期检查，做好记录。

（3）单位应定期组织专业技术和其他相关人员，进行生产设备设施事故隐患排查。

（4）单位应在有较大危险因素的生产经营场所和相关设施、设备上，设置明显的安全警示标志。

（5）禁止将报废的设备设施及安全生产、职业卫生防护装置失效的设备设施进行转让。

3.7.2 作业过程

（1）单位应根据生产岗位特点进行危险源、环境因素辨识，编制适用的安全操作规程和风险管控措施，并告知从业人员。

（2）单位应在醒目位置设置公告栏，在存在安全生产风险的岗位设置告知卡，分别标明本单位、本岗位主要危害因素、后果、事故预防及应急措施、报告电话等内容。

（3）单位应加强对作业现场的管理，必要时应安排专人进行现场统一指挥，由专职安全生产、环境保护生产管理人员实施现场监护。

（4）单位应对作业人员进行必要的安全生产、环境保护教育，告知风险控制措施，并配备相应的劳动防护用品。

（5）单位应加强班组组织建设，建立健全班组安全生产、环境保护责任制，明确班组成员职责分工。

（6）单位对危险作业实行审批制度。

3.7.3 标准化建设

（1）单位通过深入推进开展"岗位达标、专业达标、企业达标"活动，提升安全管理水平。

（2）集团安全生产、环境保护职能部门负责推进安全生产标准化建设的达标活动，并开展监督、指导工作。

3.7.4 相关方

（1）单位应建立健全相关方安全生产、环境保护管理制度，落实相关方安全生产、环境保护工作的监督、检查和考核。

（2）单位在签订合同时，应签订安全生产、环境保护协议。

（3）相关方在单位区域内发生生产安全事故、突发环境污染事件的，按照法律法规及其他要求上报、调查、处理。

3.7.5 建设工程

（1）建设工程项目确定后进行公开招标或采取其他方式对施工单位进行审查的，建设主管部门须通知安全生产、环境保护职能部门参加，安全生产、环境保护职能部门对投标方是否具备安全生产资格进行审查，审查合格的，安全生产、环境保护职能部门以书面形式予以认可。

（2）建设单位（含出租单位）与施工单位签订施工合同的同时，应与其签订安全生产、环境保护管理协议书和安全生产、环境保护责任书，并要求其向建设单位交纳风险抵押金。

（3）单位安全生产、职业卫生设施的设计应依法委托具备相应资质的设计单位进行，并经本单位安全生产、环境保护职能部门审查、会签。

3.8 环境保护

3.8.1 环境监测

（1）环境监测项目与频次应符合法律法规及相关要求。

（2）单位应委托有资质的环境监测机构开展环境监测，监测时应保证设备的正常开启和运转，以保证监测数据的有效性。

（3）单位可根据污染源监控和污染治理设施运行情况，以及本单位实际生产情况，增加环境监测项目、频次与指标。

3.8.2 清洁生产

（1）单位应对生产和服务实施清洁生产和清洁生产审核。

（2）污染物排放超过国家和上海市规定的排放标准或者超过经市人民政府核定的污染物排放总量控制指标的单位；使用有毒、有害原料进行生产，或者在生产中排放有毒、有害物质的单位，应实施清洁生产审核。

（3）单位应积极组织开展清洁生产的宣传和培训，培养清洁生产管理和技术人员。

3.8.3 环境影响评价

（1）单位新建、改建、扩建项目，应依法提交建设项目环境影响评价审批报告，并与主体工程同时设计、同时施工、同时使用。

（2）建设项目环境影响评价实现分级审批管理。

3.8.4 固体废弃物

（1）一般工业固体废弃物产生单位应按照"减量化、资源化、无害化"的原则，加强一般工业固体废弃物的资源化利用和源头减量。

（2）危险废物产生单位负有防止和治理危险废物污染的责任和法律、法规规定的其他责任。

3.9 职业健康管理

3.9.1 预防

（1）单位应保证作业场所符合国家职业卫生要求，禁止组织从业人员在职业病危害超标环境中作业。

（2）单位作业场所存在职业病目录所列职业病危害因素的，应向所在地安全生产行政主管部门申报。

（3）单位应将职业卫生和职业病防治工作所需经费列入单位年度财务预算。

3.9.2 从业人员

（1）单位与从业人员或劳务派遣单位签订、变更、续订合同时，应进行职业病危害因素告知。

（2）单位应为从业人员提供有效的职业病危害个体防护用品。

（3）单位对从事接触职业病危害因素的从业人员，应组织进行上岗前、在岗期间和离岗时的职业健康检查并建立职业健康监护档案，检查结果应书面如实告知本人。

（4）单位应对从业人员进行上岗前的职业卫生培训和在岗期间的定期职业卫生培训。

3.9.3 女工

（1）单位禁止安排女职工从事国家规定中禁止的相关工作；禁止安排女职工在经期、孕期、哺乳期中从事国家规定中禁止的相关工作。

（2）单位应按照国家和集团相关要求，做好女职工在经期、孕期、哺乳期的劳动保护。

3.9.4 未成年工

（1）单位禁止招用未满十六周岁的未成年人，国家另有规定的除外。

（2）单位招用未成年工的，应执行国家在工种、劳动时间、劳动强度和保护措施等方面的规定，禁止安排其从事过重、有毒、有害等危害未成年人身心健康的劳动或者危险作业。

3.9.5 防暑降温

（1）单位应建立健全防暑降温工作制度，采取有效措施，加强高温作业、高温天气作业劳动保护工作，确保从业人员身体健康和生命安全。

（2）单位应合理布局生产现场，改进生产工艺和操作流程，采用良好的隔热、通风、降温措施，保证作业场所符合法律法规及相关要求。

3.9.6 职业病防治

（1）单位发现疑似职业病病人时，应及时向所在地卫生行政主管部门和安全生产行政主管部门报告。

（2）确诊为职业病的，应向所在地劳动和社会保障主管部门报告。

3.10 专项管理

3.10.1 工厂交通

（1）厂内机动车辆技术状况应符合国家规定，安全装置完善可靠，并应逐台建立安全技术管理档案。

（2）厂内机动车辆驾驶人员，应经过专门培训，考试合格并取得驾驶证（操作证）方可驾驶与驾驶证相符的机动车辆。

（3）厂区主要通道要设立明显的交通标志，厂区道路实施养护、维修时，施工单位应在施工路段设置必要的安全警示标志和安全防护设施。

（4）班车应安装 GPS、限速装置和保险带，并配置消防器材、逃生锤和急救箱等。班车行车路线经单位研究后确定，禁止随意变动。

（5）机动车辆进入厂区后，按规定指示路线、规定车速行驶，按规定停车点停车，确保安全。

（6）发生厂内交通事故后，应立即向本单位安全生产职能部门和相关负责人报告。

3.10.2 消防安全

（1）单位应建立健全消防安全制度，落实各级岗位消防安全责任制，确定各级岗位的消防安全责任人，并予以公布。

（2）单位应将消防安全工作纳入本单位安全生产工作的整体部署，进行统一考核。

3.10.3 防汛防台

（1）单位应成立防汛防台领导小组和工作小组。

（2）单位应制定防汛防台专项应急预案，每年至少组织一次防汛防台应急救援预案演练。

（3）单位应建立专（兼）职防汛防台应急救援队伍，配备必要的应急装备、物资，危险作业应有专人监护。

（4）单位应每年对防汛防台应急预案、应急投入、应急准备、应急处置与救援等工作进行总结评估，完善应急预案。

3.10.4 餐饮场所

（1）单位应设立与餐饮服务能力相适应的食品安全管理机构，配备专职或者兼职的食品安全管理人员。

（2）单位应定期开展卫生安全、环境保护知识培训，加强卫生安全、环境保护工作检查，依法从事食品生产、餐饮服务活动。

（3）单位应定期检查各项食品安全防范措施的落实情况，及时消除食品安全事故隐患。

（4）对可能影响食品安全的紧急情况须制定专项应急预案并定期组织演练。

3.11 持续改进

3.11.1 绩效考核

（1）集团在年初下达安全生产、环境保护年度目标指标，产业集团、单位根据上级要求，逐级下达、分解、细化并布置年度安全生产、环境保护目标指标。

（2）单位应以安全生产、环境保护责任书的主要工作和目标为依据，结合安全生产工作开展情况，每季度向上级安环委办公室报告。

（3）集团、产业集团、单位根据法律法规和集团相关要求，每年年中和年末，对下级单位的履职情况进行考核。

3.11.2 奖惩

单位应制定本单位的安全生产、环境保护奖惩办法，对安全生产、环境保护先进及有突出贡献的人员进行表彰和奖励。

3.11.3 管理评审

单位应每年进行一次安全生产、环境保护管理评审。

1
目标职责

1.1 安全生产环境保护方针目标与指标管理制度

1.1.1 概述

1.1.1.1 目的

为加强集团单位安全生产、环境保护方针、目标和指标管理，提高安全生产、环境保护管理绩效，确保方针、目标和指标落实到位，特制定本制度。

1.1.1.2 适用范围及有效性

本制度适用于上海电气集团股份有限公司及下属单位，上海电气（集团）总公司及下属单位参照执行。

1.1.1.3 缩写和定义

无。

1.1.1.4 本次调整内容

本版本为初始版本，根据《中华人民共和国安全生产法》、《中华人民共和国环境保护法》和《上海市安全生产条例》等相关要求编制。

1.1.2 职责和授权

责任主体	职责和授权
集团	总经办、安全生产环境保护职能部门、人力资源等绩效考核测量部门负责安全生产、环境保护方针、目标与指标维护与人员考核
单位主要负责人	负责安全生产、环境保护方针、目标与指标组织制定、批准

1.1.3 文件主要内容

1.1.3.1 总体要求

单位应按照法律法规及其他要求，制定本单位的安全生产、环境保护方针、目标与指标，并进行细化、分解、实施与考核。

1.1.3.2 制定

（1）单位应根据本单位实际情况，制定安全生产、环境管理方针，并进行宣贯。

（2）单位应于每年年初根据上一年度安全生产、环境保护绩效评估情况和本年度生产运行计划分析，制定本年度的安全生产、环境保护目标与指标。

1.1.3.3 过程监督

（1）单位应根据法律法规及其他要求，及时评审和修订方针、目标与指标。

（2）单位应至少每季度对安全生产、环境保护目标、指标的运行情况、实施效果进行一次监督检查，形成记录并存档。

1.1.3.4 考核评估

（1）单位绩效考核测量部门应每年定期对目标与指标完成情况进行考核。

（2）单位主要负责人或受权的相关职能部门，每年应对目标与指标的完成情况进行评估，并将评估结果作为下一年度目标与指标的制定依据。

1.1.4 关联文件

无。

1.1.5 附件

附件序号	标题	页数
1	安全生产环境保护承诺实施办法	2

附件1　安全生产环境保护承诺实施办法

1 总体要求

单位应结合自身特点，签订和公开安全生产、环境保护承诺书，自觉践行安全生产、环境保护承诺。

2 承诺内容

单位安全生产、环境保护承诺书内容至少应包括：

（1）严格遵守安全生产、环境保护等相关法律法规及其他要求；

（2）建立健全并严格落实安全生产、环境保护责任制度；

（3）确保职工生命安全，杜绝"三违"；

（4）加强安全生产、环境保护标准化建设和建立隐患排查治理制度；

（5）接受安全生产、环境保护监管监察和相关行政主管部门依法检查，严格执行执法指令；

（6）单位其他要求。

3 承诺方式与流程

（1）每年年初，集团主要负责人与各产业集团、相关部门主要负责人签订安全生产、环境保护承诺书。

（2）安全生产、环境保护承诺书经各产业集团、单位主要负责人签字、加盖公章后，递交集团安全生产、环境保护委员会。

（3）单位应组织签订本单位各层级安全生产、环境保护承诺书。

（4）安全生产、环境保护承诺书应每年结合工作实际情况进行调整。

4 其他要求

（1）单位应认真履行法定职责和各项承诺，完善工作机制。

（2）安全生产、环境保护履职践诺工作每半年进行一次分析总结，编制半年及年度总结报告，由单位主要负责人签字、加盖所在单位公章后，报送上级单位。

（3）单位应将年度安全生产、环境保护承诺书在本单位官方网站主动公开，并定期向工会、员工代表报告年度安全生产、环境保护履职践诺情况。

（4）集团安全生产、环境保护职能部门落实监管职责，建立安全生产、环境保护信息库，进行评定评估、分级管理。

1.2 安全生产环境保护责任制

1.2.1 概述

1.2.1.1 目的

为落实安全生产、环境保护责任，提升履行安全生产、环境保护职责的能力，防止和减少各类事故的发生，特制定本制度。

1.2.1.2 适用范围及有效性

本制度适用于上海电气集团股份有限公司及下属单位，上海电气（集团）总公司及下属单位参照执行。

1.2.1.3 缩写和定义

安全生产、环境保护责任制

是指根据我国的安全生产、环境保护方针、法律法规及其他要求建立的，根据各级人员、部门在单位中承担的职责，明确安全生产、环境保护责任范围的制度。

1.2.1.4 本次调整内容

本制度在2012年发布的《安全生产责任制》和2014年发布的《环境保护机构与职责》基础上进行合并，根据《中华人民共和国安全生产法》、《中华人民共和国环境保护法》对内容进行修订。自本制度发布起，原《安全生产责任制》、《环境保护机构与职责》废止。

1.2.2 职责和授权

责任主体	职责和授权
单位主要负责人	本单位安全生产、环境保护第一责任人,对安全生产、环境保护工作负全面领导责任
单位分管负责人	负责其分管的安全生产、环境保护工作
单位安全生产、环境保护职能部门	负责安全生产、环境保护管理监督
其他部门和人员	负责职责范围内的安全生产、环境保护工作

1.2.3 文件主要内容

1.2.3.1 总体要求

安全生产、环境保护责任体系应遵循以下原则:

(1)主体责任原则。单位是安全生产、环境保护的责任主体,承担安全生产、环境保护的主体责任。

(2)党政同责原则。各级党组织、行政共同负有推进安全发展、提升安全生产、环境保护治理能力、遏制重特大事故发生的责任,把安全生产、环境保护纳入单位总体工作目标,同谋划、同部署、同落实、同检查、同考核。

(3)一岗双责原则。各级党组织、行政及其部门领导班子成员在履行各自岗位职责同时,按照"谁主管、谁负责"、"管行业必须管安全、管业务必须管安全、管生产经营必须管安全"的要求,履行安全生产、环境保护工作职责。

(4)失职追责原则。各级党组织、行政领导干部以"一岗双责"履职情况,作为履职尽责的重要考核依据。实施安全生产、环境保护管理监督失职追责和尽职免责制度。

1.2.3.2 集团安全生产、环境保护委员会职责

(1)根据国家和地方政府相关安全生产、环境保护的法律法规及其他要求,制定集团安全生产、环境保护方针政策、标准;决策重大安全生产、环境保护事项和措施,并责成相关部门组织落实和实施。

(2)研究和审查安全生产、环境保护的重大事项,审查年度安全生

产、环境保护工作计划和实施重大安全技术措施项目、安全投入等情况，决定对安全生产、环境保护做出突出贡献人员的奖励和事故责任者的处罚。

（3）下达相关安全生产、环境保护的工作指令。

（4）定期听取安全生产、环境保护工作完成情况及重大环境事项的处理情况汇报，布置近期工作重点。

（5）每季度召集召开一次集团安全生产、环境保护委员会会议和安全生产、环境保护管理者代表会议。

1.2.3.3 集团领导职责

1.2.3.3.1 党委书记

（1）将安全生产、环境保护工作纳入党组织重要议事日程，加强对安全生产、环境保护工作的领导和指导，领导和参与指挥应急救援工作。

（2）将安全生产、环境保护宣传教育工作纳入党的宣传工作，推进安全文化建设，参与安全生产、环境保护活动，总结和分享经验。

（3）定期组织和参加安全生产、环境保护会议，听取安全生产、环境保护汇报，提出安全生产、环境保护建议。

（4）按照《领导干部生产现场带班实施办法》，定点联系单位、车间、班组及生产现场安全生产、环境保护工作。

（5）按照失职追责原则严肃查处安全生产事故、环境污染事件。

1.2.3.3.2 董事长

（1）安全生产、环境保护第一责任人。

（2）授权集团总裁（总经理）为集团配置适宜的安全生产、环境保护管理组织、人员、资源，建立健全安全生产、环境保护管理体系。

（3）为安全生产、环境保护管理提供制度、组织、教育培训、人员和资源的保障，把安全生产、环境保护工作纳入业绩考核范畴。

（4）定期向从业人员代表、股东大会报告安全生产、环境保护情况，接受政府安全生产、环境保护行政主管部门的监督检查和工会对安全生产、环境保护工作的民主监督。

（5）授权集团总裁（总经理）审定安全生产、环境保护规划和计划，确定安全生产、环境保护目标。

（6）按规定领导和参与生产安全事故、突发环境污染事件应急救援。

（7）按照《领导干部生产现场带班实施办法》，定点联系单位、车间、班组及生产现场安全生产、环境保护工作，参与安全生产、环境保护活动，总结和分享经验。

1.2.3.3.3 总裁（总经理）

（1）在董事长授权下领导集团安全生产、环境保护工作，是集团安全生产、环境保护委员会主任，领导安全生产、环境保护委员会工作，对集团安全生产、环境保护工作负主要领导责任。

（2）领导和推进集团安全文化建设，维护和运行安全生产、环境保护方针目标，主持制定安全生产、环境保护发展规划，主持制定集团安全生产、环境保护目标，组织建立健全集团安全生产、环境保护责任制，建立和推进安全生产、环境保护体系建设，加强教育培训的领导，组织和领导安全生产、环境保护绩效考核。

（3）督促集团副职领导和相关职能部门落实集团安全生产、环境保护管理决策和要求；定期听取安全生产、环境保护管理者代表和职能部门相关安全生产、环境保护管理运行的情况汇报。

（4）定期组织召开安全生产、环境保护年度会议和推进会议，定期主持召开安全生产、环境保护委员会会议，讨论和决策集团安全生产、环境保护重大事项及重大奖惩事项。

（5）责成安全生产、环境保护管理者代表和相关职能部门确保安全生产、环境保护投入。

（6）领导和推进集团安全生产、环境风险管控，责成职能部门、相关部门、下属单位建立风险管控计划与措施，加强隐患排查与治理；建立健全集团安全生产、环境保护应急管理体系，领导和组织安全生产事故、环境污染事件应急救援指挥。

（7）按照《领导干部生产现场带班实施办法》，定点联系单位、车间、班组及生产现场安全生产、环境保护工作，参与安全生产、环境保护活动，总结和分享经验。

1.2.3.3.4 管理者代表（副总裁）

（1）分管集团安全生产、环境保护管理工作，履行集团安全生产、环境保护委员会常务副主任职责。

（2）组织制定集团安全生产、环境保护目标，组织制定集团安全生产、环境保护管理制度；将安全生产、环境保护科技纳入集团科技计划并组织实施，批准重大安全技术措施。

（3）健全集团安全生产、环境保护管理体制，完善管理监督机制，推进安全生产、环境保护体系建设，督促和落实体系运行的资金投入、资源保障。

（4）定期向最高管理者汇报安全生产、环境保护工作情况，提出安全生产、环境保护管理发展思路及建议。

（5）定期召集、召开集团安环委会议和安全生产、环境保护管理工作会议；听取安全生产、环境保护职能部门的工作汇报；组织检查安全生产、环境保护工作；分析集团安全生产、环境保护形势和状况，提出决策措施；协调安全生产、环境保护重大事项；责令相关部门解决安全生产、环境保护管理重大问题。

（6）组织实施安全生产、环境保护履职考核，督促执行安全生产、环境保护管理重大奖惩具体事项。

（7）在集团及下属单位产业结构升级、布局调整、技术改造时，提出要求，加强指导，淘汰落后工艺。

（8）组织编制和颁布集团生产安全事故应急救援综合预案，配置相适应的应急救援资源；负责统一指挥集团突发事故的应急响应，组织协调事故现场处理和善后工作，及时如实上报。

1.2.3.3.5 其他副总裁

（1）对分管范围内的安全生产、环境保护管理工作负主要责任。

（2）责成分管范围内的生产经营单位健全安全生产、环境保护网络；责成相关部门和单位配置相适宜的组织、人员、资源。

（3）将安全生产、环境保护工作列入分管范围内的重要议事日程，实施安全生产、环境保护目标管理；定期检查和考核分管范围内的部门和单位执行安全生产、环境保护责任制的情况；把安全生产、环境保护工作作为分管范围内的经济责任、领导干部政绩考核的重要内容。

（4）对分管范围内的重大危险源、环境因素、职业病危害、重大灾害责成相关部门和单位加以辨识,确认潜在风险,落实不符合纠正与预防工作,落实技术控制措施、应急措施,确保持续改进和风险受控。

(5)责成分管范围内的单位在年度财务预算中保证安全生产、环境保护的资金投入,并对使用情况进行监督检查。

(6)在集团及下属单位产业结构升级、布局调整、技术改造时,提出要求,加强指导,淘汰落后工艺。贯彻落实新技术、新工艺、新材料、新设备和新建、改建、扩建工程项目安全设施、职业卫生设施"三同时"相关规定。

(7)责成分管范围内的单位编制相应的应急救援预案、配置相适应的应急救援资源;参与集团应急救援指挥。

(8)提出安全生产、环境保护重大奖惩建议,执行集团对分管范围内的安全生产、环境保护重大奖惩事项。

(9)及时、如实向最高管理者和安全生产、环境保护管理者代表报告生产安全事故。

1.2.3.3.6 财务总监

(1)执行国家关于单位安全生产、环境保护资金投入和提取使用的相关规定,做到专款专用,并监督执行。

(2)对集团安全生产、环境保护目标实施费用提出建议,组织编制、审查相关的年度财务计划,将安全生产、环境保护费用纳入财务预算。

1.2.3.3.7 总工程师(副总工程师)

(1)是安全生产、环境保护技术管理的第一责任人,对职责范围内的安全生产、环境保护工作负责。

(2)在集团及下属单位产业结构升级、布局调整、技术改造时,提出要求,加强指导,淘汰落后工艺。贯彻落实新技术、新工艺、新材料、新设备和新建、改建、扩建工程项目安全设施、职业卫生设施"三同时"相关规定。

(3)审查重大项目的安全技术措施,参加由于设计、工艺、技术原因造成的生产安全事故的调查分析。

(4)组织指导推动安全生产、环境保护科研成果的转化应用。

1.2.3.4 集团职能部门职责

1.2.3.4.1 工会

（1）依法对安全生产、环境保护和职业病防治工作进行监督，反映从业人员的诉求，提出意见和建议，维护从业人员的合法权益。

（2）调查研究安全生产、环境保护工作中涉及从业人员合法权益的重大问题，参与涉及从业人员切身利益的相关安全生产、环境保护政策、措施、制度的拟订工作。

（3）指导基层单位工会参与从业人员安全生产、环境保护培训和教育工作。开展群众性安全生产、环境保护活动，推进安全文化建设，动员广大从业人员开展群众性安全生产、环境保护监督和隐患排查，推进群防群治。对发现违章指挥、强令冒险作业和事故隐患，应提出建议。

（4）依法参加生产安全事故、职业病危害事故和环境污染事件的调查处理，代表从业人员监督事故发生单位防范和整改措施的落实。

（5）应对建设项目的安全设施与主体工程同时设计、同时施工、同时投入生产和使用进行监督，提出意见。

（6）督促行政领导定期向职工代表大会报告安全生产、环境保护情况。

1.2.3.4.2 党群工作部

（1）负责分管范围内的安全生产、环境保护工作。将安全生产工作纳入党组织重要议事日程，参与重大政策措施、重大事故问责等工作事项。

（2）做好党组织与群众的桥梁作用，负责上传下达、综合协调和各类信息调研、为领导提供安全生产、环境保护决策依据的职责；发挥群众性安全管理作用。

（3）指导单位开展党员身边无违章、设立党员安全监督岗等活动，树立党员的先锋模范作用，协助党组织做好员工的安全生产、环境保护思想教育工作。

（4）将安全生产宣传教育纳入思想政治工作和社会主义精神文明建设总体布局。将安全发展作为党员学习和教育培训内容。

（5）开展安全生产、环境保护文化建设，做好安全生产、环境保护活动的报道、宣传和舆论监督。

1.2.3.4.3 总裁办公室

（1）总裁办公室主任是集团安全生产、环境保护委员会的常任委员，及时向管理者代表、最高管理者报告安全生产、环境保护重大事项，向单位传达安全生产、环境保护工作相关要求。

（2）协助最高管理者、管理者代表做好安全生产、环境保护管理的组织机构及职能配置工作。

（3）督促集团法务部门会同安全生产、环境保护职能部门搜集适用于集团安全生产、环境保护的法律法规及其他要求。

（4）协助编制集团突发事件应急预案，并协助落实各类应急资源的配置工作；组织协调集团突发事件的应急救援和善后工作。

1.2.3.4.4 财务预算部

（1）根据集团安全生产、环境保护目标，组织编制、审查相关年度财务计划，保证安全生产、环境保护投入纳入集团财务预算，充分保证安全生产、环境保护项目费用的投入。

（2）对单位提取使用安全生产、环境保护费用情况进行监督检查，确保安全生产、环境保护费用专款专用。

（3）对集团安全费用提取和使用进行审计和统计，接受政府相关部门监督检查。

1.2.3.4.5 战略规划部

（1）认真贯彻执行安全生产、环境保护相关法律法规及其他要求，在制定和实施发展规划时落实安全发展、绿色发展要求。

（2）在制定单位规划时，应将安全生产、环境保护规划列入单位的经济和发展规划；在审批和下达项目时，做好相关环境保护内容的前期工作和评价制度。

（3）在投资生产性建设项目时，贯彻落实新技术、新工艺、新材料、新设备和新建、改建、扩建工程项目安全设施、职业卫生设施、消防"三同时"的相关规定，确保安全投入。

（4）生产性建设项目的可行性论证、设计审查及竣工验收时，应要求安全、职业健康、环保、消防等相关部门参加。

1.2.3.4.6 经济运行部

（1）认真贯彻执行安全生产、环境保护相关法律法规及其他要求，对职责范围内的安全生产、环境保护负责。

（2）贯彻"管生产必须管安全"的原则，执行"三同时"制度，新产品开发、产品结构调整和技术改造应采用无污染、少污染、低能耗的清洁生产工艺，达到"节能、降耗、减排、增效"的目的。把安全生产、环境保护列入重要议事日程，做到"五同时"（即在计划、布置、检查、总结、评比生产工作的同时，计划、布置、检查、总结、评比安全工作）。

（3）贯彻落实新技术、新工艺、新材料、新设备和新建、改建、扩建工程项目安全设施、职业卫生设施、消防"三同时"的相关规定，未经验收合格不准投入生产。

（4）督促单位加强对生产现场和建筑施工项目以及危险作业的安全管理、对排污点的监管，加强对生产性单位的安全生产、环境保护指导和检查，对现场安全生产、环境保护管理提出建议和要求。

（5）下属单位发生生产安全事故时，参与协调应急救援和善后工作。

1.2.3.4.7 人力资源部

（1）按集团党组织选拔干部的条件和要求，提出安全生产、环境保护领导干部的人选建议。

（2）考核、考察领导干部时应有安全生产、环境保护工作要求，并作为领导干部政绩考核的重要内容。对安全生产、环境保护工作做出显著成绩或造成安全事故、环境污染的个人或集体，按制度实行奖励与处罚。

（3）督促领导干部按规定接受安全生产、环境保护教育培训和考核。

（4）落实集团安全生产、环境保护委员会办公室对领导干部安全生产、环境保护绩效的考核。

1.2.3.4.8 安全生产、环境保护职能部门

（1）集团安全生产、环境保护职能部门是集团安全生产、环境保护委员会办公室常设机构，负责对集团范围内安全生产、环境保护工作的管理、监督、检查、监察；负责集团安全生产、环境保护委员会日常工作，执行集团安全生产、环境保护委员会决议，落实和实施相关具体工作和措施。

（2）提出安全生产、环境保护发展战略建议，编制集团安全生产、环境保护规划；建立健全和完善安全生产、环境保护管理监督网络和管理机制；编制集团安全生产、环境保护管理制度；协助安全生产、环境保护管理者代表推进安全生产、环境保护机制建设。

（3）根据集团安全生产、环境保护总要求提出年度工作要点，编制年度工作计划；提出集团安全生产、环境保护技术措施建议和要求。

（4）定期分析和研究集团安全生产、环境保护形势，提出集团安全生产、环境保护工作建议；定期向集团安全生产、环境保护委员会和安全生产、环境保护管理者代表汇报安全生产、环境保护运行情况。

（5）协助安全生产、环境保护管理者代表组织集团安全生产、环境保护工作会议；主持日常安全生产、环境保护工作例会。

（6）组织开展集团重大危险源、环境因素、职业病危害、重大灾害辨识和隐患排查，确认潜在风险；责成相关部门和单位，提出和落实控制措施和应急措施。

（7）对产业发展和结构调整、技术改造等方面提出安全生产、环境保护、职业卫生建议和要求；督促落实新技术、新工艺、新材料、新设备和新建、改建、扩建工程项目安全设施、职业卫生设施、消防安全"三同时"规定；参加集团重大生产性建设项目的可行性论证、安全审查及竣工验收。

（8）提出环境重点治理项目建议，协调推行"环境管理体系"的认证，推进"清洁生产审核"。

（9）对安全生产标准化，班组安全生产标准化，岗位安全生产标准化，环境保护管理工作标准化，安全生产、环境保护管理信息化，安全生产、环境保护基础设施和应急管理等工作实施管理并提出具体要求；实施集团安全生产、环境保护教育培训管理；推广安全生产、环境保护科技应用和先进经验，推进集团安全文化建设。

（10）落实安全生产、环境保护监督，组织实施集团安全生产、环境保护履职考核；向集团安全生产、环境保护委员会和安全生产、环境保护管理者代表报告履职考核情况；对安全生产、环境保护重大事项提出建议；对安全生产、环境保护提出奖惩建议。

（11）负责集团日常应急管理工作，组织和参与指挥集团突发事故的应急响应，协调事故处理和善后工作，责成事故单位按照"四不放过"原则做好事故调查、分析、教育、处理和防范工作。

（12）制定安全生产、环境保护管理监督，安全生产、环境保护检查和专项行动计划，对生产安全事故、环境污染事件及不符合项开具督查建议和整改单并发布；对重大安全环境隐患治理实施挂牌督办。

（13）做好安全生产、环境保护基础建设，体系建设等方面的具体指导。

（14）做好与政府安全生产、环境保护行政主管部门协商与沟通，完成政府、集团安全生产、环境保护委员会交付的其他相关工作和任务。

1.2.4 关联文件

制度文件名称	文件类型
上海电气企业安全生产环境保护管理规定	制度
安全生产环境保护党政同责实施办法	制度

1.2.5 附件

附件序号	标题	页数
1	安全生产环境保护党政同责实施办法	4
2	安全生产环境保护委员会成员主要职责	4
3	产业集团安全生产工作责任清单	2
4	生产性企业安全生产责任清单	3
5	法人代表或受权人签字确认安全生产主要事项	1
6	从业人员安全生产环境保护守则	1
7	领导干部生产现场带班实施办法	2
8	安全生产环境保护约见谈话实施办法	5

附件1　安全生产环境保护党政同责实施办法

1 总体要求

1.1 单位应把安全生产、环境保护工作作为第一要务，纳入党组织、行政的总体工作目标，纳入党建工作内容，纳入年度综合考核，同规划、同部署、同考核、同推进、同落实。

1.2 单位根据本制度制定本单位的安全生产、环境保护工作党政同责实施细则。

2 职责

2.1 单位党组织、行政全面领导本单位的安全生产、环境保护工作，其共同职责至少包括：

（1）认真贯彻执行国家安全生产法律、法规以及党中央、国务院和上海市政府关于加强安全生产、环境保护工作的方针、政策和各项指示要求。

（2）研究制定本单位安全生产总体规划、年度计划并纳入任期目标。

（3）及时了解安全生产、环境保护工作情况，分析安全生产、环境保护形势，有重点地开展安全生产、环境保护各项活动，协调、解决安全生产、环境保护中出现的重大问题。

（4）研究做出安全生产、环境保护事故处理和责任追究决定。

（5）按照"谁主管、谁负责"的原则，领导和督促下属部门抓好安全生产、环境保护工作。

2.2 单位党组织除履行共同职责外，还应履行以下职责：

（1）加强对安全生产、环境保护工作的宏观领导和协调，将安全生产、环境保护工作纳入党组织重要议事日程。

（2）领导和督促组织人事部门积极做好安全生产、环境保护工作中的组织人事工作，选拔任用思想过硬、作风扎实、能力突出、严于律己的领导干部到安全生产、环境保护工作岗位上去。

（3）领导和督促宣传部门积极做好安全生产、环境保护宣传教育工作。大力宣传党和国家关于安全生产、环境保护工作的方针、政策；宣传安全生产、环境保护法律、法规；宣传安全生产、环境保护工作中的先进典型；普及安全生产、环境保护知识；曝光安全生产、环境保护事故和违章行为。

（4）领导和督促本级纪委监察部门积极履行纪检监察职能，按照相关规定严肃查处安全生产、环境保护事故背后的渎职失职等违法行为。

（5）发挥共产党员在安全生产、环境保护工作中的模范带头作用。

（6）发挥工会组织在职工劳动保护方面的民主监督作用。

2.3 单位行政除履行共同职责外，须履行以下职责：

（1）将安全生产、环境保护工作纳入本单位经济发展计划，纳入行政重要议事日程。

（2）依据法律法规及其他要求，组织制定安全生产规章制度和各岗位安全生产操作规程。

（3）建立健全安全生产、环境保护目标管理责任制，并组织考核。

（4）建立安全生产、环境保护预算制度，确保安全生产投入到位。

（5）加强员工安全生产、环境保护教育和培训。

（6）建立和完善隐患排查治理责任体系，并有效运行。

（7）建立健全安全生产、环境保护应急救援体系，加强应急演练。

3 工作机制

3.1 党组织每年至少两次听取安全生产、环境保护工作专题汇报，分析安全生产形势，研究解决安全生产、环境保护工作中的重大问题。

3.2 党组织在分析研究安全生产、环境保护工作时，本单位安全生产、环境保护职能部门负责人应参加或列席会议。

3.3 党组织主要领导或党组织应指定一名专职党组织成员参加本单位安全生产、环境保护委员会。

3.4 建立健全党政一把手督办制度。对重大安全隐患和重大危险源管控措施落实情况，单位党政一把手要亲自过问，亲自督办，抓好落实。

4 激励措施

4.1 安全生产、环境保护工作应纳入单位党组织考核的重要内容，考核结果作为领导班子和领导干部选拔任用、奖励惩戒的重要依据。

4.2 做好安全生产、环境保护责任目标考核，完善奖惩措施。

5 责任追究

实施安全生产、环境保护约谈。对安全生产、环境保护措施缺失、履职不到位、发生生产安全事故和环境污染事件以及重点工作推进不力的单位党政领导，实施诫勉谈话，根据程度启动程序，实施问责。

附件2　安全生产环境保护委员会成员主要职责

1 总体要求

1.1 按期参加安全生产、环境保护委员会会议与检查等活动，研究部署和参与安全生产、环境保护委员会各项工作。

1.2 向安全生产、环境保护委员会提出议案，执行决议，报告完成情况。

1.3 以职责分工，为安全生产、环境保护委员会工作提供支持和保障。

2 集团安全生产、环境保护委员会主任

2.1 定期召开安全生产、环境保护委员会会议，听取工作汇报；研究部署安全生产、环境保护重大决策和奖惩事项。

2.2 责成相关部门落实安全生产、环境保护目标，实施履职考核；确保投入，推进集团安全生产、环境保护整体发展。

2.3 协助董事长完善安全生产、环境保护应急体系建设，领导和组织事故的应急救援指挥。

2.4 领导和推进安全生产、环境保护风险管控，参加安全检查。

3 集团安全生产、环境保护管理者代表

3.1 定期召集安全生产、环境保护委员会会议和工作会议，听取工作汇报。

3.2 组织制定集团安全生产、环境保护目标、完善管理制度；加强宣

传教育培训；推进安全文化建设。

3.3 组织建立、完善安全生产、环境保护管理体系，参加安全生产、环境保护检查，加强指导、淘汰落后工艺，督促安全生产、环境保护资金的投入与保障。

3.4 组织制订安全生产、环境保护工作规划及实施计划，定期向最高管理者汇报管理体系的运行情况，组织实施安全生产、环境保护履职考核。

3.5 组织编制和颁布集团应急预案，组织事故的应急救援指挥。

4 集团安全生产、环境保护委员会办公室主任主要职责

4.1 主持集团安全生产、环境保护委员会办公室日常工作。

4.2 建议安全生产、环境保护重要事项，提出安全生产、环境保护委员会工作任务。

4.3 组织起草安全生产、环境保护委员会文件；贯彻落实安全生产、环境保护委员会和集团领导交办的工作。

4.4 定期承办安全生产、环境保护委员会会议、检查等重要活动。

4.5 组织和参与事故救援指挥；协调、指导安全生产、环境保护相关事项。

5 集团安全生产、环境保护委员会成员职责

5.1 机电工会主席

（1）依法反映与维护从业人员的合法权益。

（2）支撑、丰富安全生产、环境保护文化建设。

（3）监督和推进安全生产、环境保护工作的持续改进。

5.2 党群工作部部长

（1）反映党组织、群众的需求，为领导提供决策依据。

（2）参加并提议安全生产、环境保护重大政策措施，重要工作任务，重大事故问责等事项。

（3）组织和参与宣贯安全生产、环境保护的方针、政策和规章。

5.3 经济运行部部长

（1）对生产性单位的安全生产、环境保护管理、技术提出建议和

要求。

（2）对提高单位本质安全和环境保护水平提出具体指导意见。

（3）在新、改、扩建项目中，遵守和执行"三同时"规定。

5.4 安全生产、环境保护职能部门负责人

（1）是集团安全生产、环境保护委员会办公室常设机构，对集团范围内安全生产、环境保护进行管理、监督、指导、协商工作。

（2）执行集团安全生产、环境保护委员会决议，落实和实施相关具体工作和措施。

（3）编制集团安全生产、环境保护规划和实施计划；编制集团安全生产、环境保护制度和文件；编制集团应急预案；完成集团交付的相关工作和任务。

（4）对集团安全生产、环境保护风险实施分级管控；开展安全生产、环境保护管理督查，指导单位开展隐患排查治理。

（5）负责集团日常应急管理工作，参与指挥集团日常应急响应，协调事故处理。

5.5 人力资源部部长

（1）对安全生产、环境保护职能部门、人力资源设置提出建议，并实施。

（2）具体实施安全生产、环境保护绩效考核的奖惩。

5.6 财务部部长

（1）对集团安全生产、环境保护委员会提出的费用投入提出意见。

（2）具体实施安全生产、环境保护费用管理。

5.7 相关产业集团负责人

（1）执行集团安全生产、环境保护委员会决议；对下属单位安全生产、环境保护实施管控。

（2）运行集团安全生产、环境保护管理体系，分享集团安全生产、环境保护成果。

（3）参与相关事故的事故处理、组织落实事故防范和整改措施。

（4）实行清洁生产，淘汰"高污染、高能耗、高风险"工艺、装备，提升本质安全度。

附件3 产业集团安全生产责任清单

1. 督促和指导下属单位建立健全各岗位安全生产责任制,加强对责任制落实情况的监督考核,保证安全生产责任制落实;与下属单位签订安全生产责任书,并实行履职考核。

2. 督促和指导下属单位制定和完善安全生产规章制度和安全生产操作规程。

3. 督促下属单位制定安全生产教育培训计划,实施安全生产教育,建立安全生产教育培训档案。

4. 督促下属单位确保安全生产的足额投入和计划的有效实施。

5. 按相关要求开展各项安全生产监督检查,并督促下属单位开展安全生产检查工作,各项检查要有记录,有案可查。

6. 督促下属单位对事故隐患实行分级管理,及时消除事故隐患。

7. 督促下属单位制定生产安全事故应急救援预案,实施应急救援预案演练,发生事故时及时启动应急救援预案。

8. 督促下属单位严格遵守生产安全事故报告的相关规定,发生生产安全事故按程序如实报告。

9. 督促下属单位在新建、改建、扩建建设项目时,严格遵守安全设施、职业卫生"三同时"制度;并对高危项目实施安全评价。

10. 督促下属单位加强对本单位重要危险源和风险管控计划和措施的落实。

11. 督促下属单位开展安全生产标准化建设,确保安全生产标准化的有效运行。

12. 对下属单位安全生产管理机制运行情况进行定期评价。

13. 督促下属单位严格遵守主要领导、分管领导、安全干部持证上岗制度和特种作业人员持证上岗制度。

14. 督促下属单位加强职业危害的治理和防护。

15. 督促下属单位加强对出租物业的安全监管,对不符合安全生产条件和资质的承租对象一律不予出租，实施对出租物业的统一协调和监管。

16. 每年召开不少于 4 次的安全生产委员会会议，对单位安全生产的重要事项进行决策、布置和落实。

17. 及时传达和落实集团安全生产会议和相关文件精神，全面落实完成集团布置的各项安全生产工作和任务。

18. 建立本单位安全生产管理运行机制。

19. 安全生产其他重要事项。

附件 4　生产性企业安全生产责任清单

1. 建立健全各部门、各岗位安全生产责任制，根据各部门的安全生产职责，与其签订安全生产责任书，落实安全生产"一岗双责"，加强责任制落实情况的考核；开展岗位安全生产承诺活动，保证各层级的安全生产责任有效落实；建立本单位安全生产管理运行机制。

2. 制定和完善安全生产规章制度和各生产性岗位安全生产操作规程或生产性岗位安全生产作业指导书。

3. 按照集团安全生产教育培训大纲，每年应制订安全生产教育培训计划，实施安全生产教育培训，包括安全生产体感培训，如实记录教育培训情况，建立安全生产教育培训档案（每人一档）。

4. 每年制订安全生产投入计划，确保安全生产的足额投入和有效实施。

5. 每年制订安全生产检查计划，持续开展各项安全生产检查，各项检查要有记录。

6. 对事故隐患实行分级管理，及时消除事故隐患，确保整改措施、责任、资金、时限和预案"五到位"，并定期对事故隐患进行分析，开展生产安全事故的预测、预警、预防工作。

7. 制定生产安全事故应急救援预案，并报当地政府行政主管部门备案；定期实施应急救援预案演练，对演练情况进行评价，并及时修改完善；发生生产安全事故时及时启动应急救援预案。

8. 严格遵守生产安全事故报告的相关规定，发生生产安全事故按程序如实报告，并按"四不放过"原则对事故进行处理；每月如实填写事故报表，并按时上报。

9. 行政主要负责人每年至少1次对本单位安全生产情况向员工大会进行报告，接受员工大会的监督。

10. 在新建、改建、扩建建设项目时，严格遵守安全设施、职业卫生"三同时"制度；并对高危项目实施安全评价。

11. 加强对本单位危险源和风险管控计划及措施的落实。

12. 开展安全生产标准化建设，每年至少2次对安全生产标准化运行情况进行评价，确保安全生产标准化的有效运行。

13. 主要领导、分管领导、安全干部实行持证上岗和特种作业人员持证上岗。

14. 加强职业危害的治理和防护，实施危害审报、危害检测、危害告知、健康体检、完善防护设备设施、个体防护等。

15. 将建筑安装施工、外包内做单位、出租物业等相关方纳入单位安全生产管理体系，对相关方的安全工作进行统一协调和监管。

16. 每年召开不少于4次的安全生产委员会会议，对安全生产的重要事项进行决策、布置；每月至少召开一次安全例会，布置和落实安全生产具体事项。

17. 及时传达并落实集团安全生产会议和相关文件精神，全面落实完成集团布置的各项安全生产工作和任务。

18. 每月及时准确上报或更新安全生产、环境保护各项数据。

19. 安全生产其他重要事项。

附件5 法人代表或受权人签字确认安全生产主要事项

1. 安全生产责任制、安全生产规章制度和操作规程。
2. 安全生产投入计划和费用支出。
3. 年度安全生产计划。

4. 新建、改建、扩建厂房的安全生产"三同时"实施计划。

5. 组织安全生产检查，并对检查情况确认。

6. 集团安全生产、环境保护职能部门开具的红色整改单。

7. 对 Ⅰ 级、Ⅱ 级事故隐患整改计划和整改情况。

8. 安全生产应急救援预案和演练。

9. 安全生产教育培训计划。

10. 生产安全事故处理和整改计划的实施。

11. 安全生产履职报告。

12. 安全生产责任书。

13. 安全生产委员会会议纪要。

14. 安全生产承诺书。

15. 安全生产奖惩。

附件6　从业人员安全生产环境保护守则

1. 严格遵守安全生产、环境保护法律、法规及集团相关要求。

2. 接受安全生产、环境保护教育培训。

3. 掌握本岗位安全操作技能和危险应急处置方法；发生事故及时抢救伤员，保护事故现场，立即报告。

4. 按要求佩戴、使用劳动防护用品。

5. 不操作与本岗位无关的设备设施。

6. 保持作业场所整洁有序。

7. 从事危险作业时，做好申报和审批，同时做好安全警示和安全防护。

8. 禁止随意处置危险化学品及废弃物。

9. 禁止在生产作业场所吸烟和在有毒有害场所饮食。

10. 禁止随意拆除或占用安全防护装置、照明、信号、监测仪表、禁戒标记、防雷装置等。

11. 禁止随意动用各类消防器材、工具。

12. 禁止随意进入危险场所和重点控制部位。

13. 遵守交接班制度，做好记录。

14. 发现隐患及时向上级报告，做好处理结果记录。

15. 作业后，做好清场、整理、检查工作。

16. 自觉参加体检。

附件7　领导干部生产现场带班实施办法

1 总体要求

领导干部生产现场带班主要包括带队检查、定点联系班组、生产现场带班作业。

2 带队检查

2.1 各级领导应积极开展带队检查，检查频次和内容按照《安全生产环境保护检查》执行。

2.2 对检查出的各类问题及事故隐患，各相关单位或部门应落实整改，并将情况报相关单位和领导。

3 定点联系班组

3.1 单位应对班组安全生产状况（设备设施、作业环境、人员状况、基础管理和历来事故）进行综合分析，确立安全风险高、管理难度大的班组作为领导干部的定点联系班组。

3.2 领导干部对定点联系班组主要履行以下职责：

（1）指导帮助班组实现安全管理目标，开展班组安全生产标准化工作。

（2）及时了解班组安全生产动态，加强从业人员安全教育。

（3）检查班组安全生产工作中存在的问题与隐患，并督促其整改。

（4）参加班组安全生产活动。

（5）指导事故（未遂事故）原因分析，监督"四不放过"原则的落实。

（6）帮助和协调解决安全生产工作的突出问题和困难。

3.3 定点联系班组工作要求

（1）单位安全生产职能部门应建立领导干部定点联系班组记录表。

（2）产业集团领导干部每季度到定点联系班组至少参加 1 次安全生产活动；生产性单位领导干部每月到定点联系班组至少参加 1 次安全生产活动。

4 生产现场带班作业

4.1 单位危险作业应根据审批权限实行领导干部带班作业，审批按照《危险作业安全管理》要求执行。

4.2 作业前，带班领导干部应根据作业内容和可能发生的事故，督促相关人员（部门）做好应急预案，并针对性地组织全体作业人员进行安全教育，落实安全措施。

4.3 单位应制定日常作业过程中的领导干部轮流值班制度，做好各类生产安全事故的应急处置工作。

4.4 生产现场带班要求：

（1）对违章违纪行为立即纠错并按规定处理。

（2）解决安全生产中的突出问题，必要时可会同相关部门解决。

（3）现场发生危及职工生命安全的重大隐患和严重问题时，立即组织采取停产、撤人、排除隐患等紧急处置措施。

（4）带班过程应留下记录。

附件8　安全生产环境保护约见谈话实施办法

1 被约谈人

被约谈人主要包括以下人员：

（1）法定代表人。

（2）由法人代表授权的总经理、行政主要负责人。

（3）其他有必要约谈的人员。

2 约谈情形

2.1 安全生产中有下列情形之一的单位，应进行约谈：

（1）发生重伤以上生产安全事故的。

（2）发生职业病危害事故的。

（3）发生社会影响恶劣的生产安全险肇事故的。

（4）一年内重复发生同类型生产安全事故的。

（5）法定代表人或受权的总经理、行政主要负责人拒不参加安全生产培训的。

（6）未按规定组织和参加每月单位安全活动日。

（7）被集团安全生产、环境保护职能部门开具红色整改单的。

（8）对安全生产隐患不整改或整改不力的。

（9）作业场所存在职业病危害因素，经督促未按规定申报并报集团安全生产、环境保护职能部门备案的。

（10）安全生产、环境保护履职考核不合格的。

（11）其他违反相关安全生产法律、法规和规定，情节严重的。

（12）有必要进行约谈的其他情形。

2.2 环境保护中有下列情形之一的单位，应进行约谈：

（1）未落实国家环保法律、法规、政策、标准、规划，未完成或难以完成污染物总量减排、大气、水、土壤污染防治和危险废物管理等目标任务的。

（2）生产中污染物排放严重超标，被行政责令整改的或存在环境污染隐患，威胁公众健康、生态环境安全或引起环境纠纷、群众集体上访的。

（3）发生或可能发生有社会影响的生态和环境问题的，或屡查屡犯、严重环境违法行为长期未纠正的。

（4）生产性建设项目未进行环境影响评价、执行"三同时"申报制度就投入生产的。

（5）未取得企业排污许可证进行排污；有偷排情况或伪造监测数据的。

（6）发生或可能继续发生较大突发环境事件，或者落实突发环境事件相关处置整改要求不到位的。

（7）被集团安全生产、环境保护职能部门开具责令整改通知书的。

（8）与核辐射安全监管相关事项需要约谈的。

（9）其他需要进行约谈的。

3 约谈内容

约谈内容主要包括：

（1）被约谈人对相关情况进行陈述。

（2）约谈人员提出质询，被约谈人进行答复。

（3）约谈人员针对被约谈单位存在问题，提出整改要求，被约谈人做出承诺。

4 约谈形式

4.1 约谈一般以谈话形式进行。

4.2 约谈由约谈部门书面通知被约谈人，并明确约谈时间、约谈地点、约谈事项和需要提交的相关材料等。

4.3 约谈部门应至少派两名人员参加约谈，必要时可根据情况邀请专家及其他相关部门参加。约谈时，应做好记录，填写"安全生产、环境保护约见谈话记录表"，由约谈人和被约谈人签字确认约谈形成的笔录、被约谈单位提交的相关材料由约谈部门负责存档，并作为单位安全生产考核的主要依据。必要时，按照干部管理权限分送相关部门。

5 其他要求

5.1 被约谈人应按要求准时参加约谈。因特殊原因不能按期参加约谈的，应提前告知约谈部门并说明理由，重新约定时间。

5.2 无故不参加约谈或没有认真落实约谈要求的单位，约谈部门将情况记录在案，予以通报批评，并依据集团相关规定予以处理；因约谈事项未落实或落实不到位而引发生产安全事故的，按集团相关安全制度的上限实施处罚并追究被约谈人的责任。

5.3 约谈部门对被约谈单位提出具体工作要求的，被约谈单位应在约谈结束后 5 个工作日内，将落实情况以书面形式报约谈部门。

上海电气安全生产、环境保护约见谈话记录表

序号：

被约谈单位			
被约谈人姓名		被约谈人职务	
约谈人姓名		约谈人职务	
约谈时间		约谈地点	
约 谈 记 录			
被约谈人（签字）： 　　　　　年　月　日		约谈人（签字）： 　　　　　年　月　日	
记录人：		记录日期：	

1.3 安全生产环境保护职能机构设置及人员任命实施细则

1.3.1 概述

1.3.1.1 目的

为规范单位安全生产、环境保护职能部门设置和安全生产、环境保护管理人员任命管理工作，特制定本制度。

1.3.1.2 适用范围及有效性

本制度适用于上海电气集团股份有限公司及下属单位，上海电气（集团）总公司及下属单位参照执行。

1.3.1.3 缩写和定义

无。

1.3.1.4 本次调整内容

本制度在 2012 年发布的《安全职能部门设置及人员任命管理制度》基础上进行格式调整,根据《中华人民共和国安全生产法》、《上海市安全生产条例》、《上海电气安全生产、环境保护管理规定》对内容进行修订。自本制度发布起,原《安全职能部门设置及人员任命管理制度》废止。

1.3.2 职责和授权

责任主体	职责和授权
集团	负责对下属单位安全生产、环境保护职能部门设置及人员配备和任命提出要求
单位	按规定设置安全生产、环境保护职能部门及人员

1.3.3 文件主要内容

1.3.3.1 总体要求

单位主要负责人对安全生产、环境保护职能部门设置及人员配备和任命负责。

1.3.3.2 机构设置

（1）集团及单位应成立安全生产、环境保护委员会,作为安全生产、环境保护决策机构。

（2）金属冶炼、建筑施工、道路运输单位和危险物品的生产、经营、储存单位,应设置安全生产、环境保护职能部门或配备专职安全生产、环境保护管理人员。

（3）规定外的其他单位,从业人员超过 100 人的,应设置安全生产、环境保护职能部门或者配备专职安全生产、环境保护管理人员。从业人员在 100 人以下的,应配备专职或兼职安全生产、环境保护管理人员。

1.3.3.3 人员要求

（1）单位主要负责人、分管负责人在任职 3 个月内应取得上海市安全生产行政主管部门颁发的"生产经营单位负责人安全培训合格证书",安全生产管理人员在任职前应取得由上海市安全生产行政主管部门颁发的"安全生产管理人员安全培训合格证书"。单位的安全生产、环境保护职能部门负责人应具有注册安全工程师资格或具备相应的安全生产、环境保护管理能力。

（2）专职安全生产管理人员应按单位从业人员的比例配备：从业人员（含劳务派遣人员）300人以上至少配2名，1 000人以上至少配5名，5 000人以上至少配10名。环境保护管理人员数量根据单位要求配置。

（3）单位安全生产管理人员、环境保护管理人员、应急救援人员等，应由主要负责人书面任命。

（4）各级安全生产、环境保护管理人员应保持相对稳定。安全生产、环境保护职能部门负责人因工作需要变动时，应先征求上级安全生产、环境保护职能部门意见并备案。

1.3.3.4 其他要求

（1）在成立安全生产、环境保护职能部门和任命安全生产、环境保护管理人员时，应明确赋予职责和权限。

（2）单位安全生产、环境保护职能部门的设置、人员的任命和更新应以书面文件加以体现。

1.3.4 关联文件

无。

1.3.5 附件

无。

1.4 安全生产环境保护费用保障实施细则

1.4.1 概述

1.4.1.1 目的

为加强单位安全生产、环境保护费用管理，保障单位安全生产、环境保护投入，建立安全生产、环境保护投入长效机制，特制定本制度。

1.4.1.2 适用范围及有效性

本制度适用于上海电气集团股份有限公司及下属单位，上海电气（集团）总公司及下属单位参照执行。

1.4.1.3 缩写和定义

安全生产、环境保护费用

是指单位按照规定标准提取在成本中列支，专门用于完善和改进单位或者项目安全生产、环境保护条件的资金。

1.4.1.4 本次调整内容

本制度在 2012 年发布的《安全投入保障管理制度》的基础上进行格式调整，根据《中华人民共和国安全生产法》、《中华人民共和国环境保护法》、《中华人民共和国职业病防治法》、《上海市安全生产条例》、《企业安全生产费用提取和使用管理办法》对内容进行修订。自本制度发布起，原《安全投入保障管理制度》废止。

1.4.2 职责和授权

责任主体	职责和授权
集团、产业集团	负责对本单位安全生产、环境保护费用提取和使用进行监督检查
单位主要负责人	对本单位安全生产、环境保护投入情况负责
单位安全生产、环境保护职能部门	负责提出本单位安全生产、环境保护年度预算计划
单位财务部门	在编制本单位年度财务计划时，负责确保安全生产、环境保护投入

1.4.3 文件主要内容

1.4.3.1 总体要求

（1）单位应具备安全生产、环境保护条件所必需的资金投入，由单位的决策机构或主要负责人予以保证。

（2）单位应按照规定提取和使用安全生产费用，专门用于完善和改进安全生产条件的相关支出，安全生产费用在成本中据实列支，禁止挤占、挪用。

（3）单位应优先使用清洁能源，采用资源利用率高、污染物排放量少的工艺、设备以及废弃物综合利用技术和污染物无害化处理技术。对严重污染环境的工艺、设备和产品实行淘汰制度，禁止使用严重污染环境的工艺、设备和产品。

1.4.3.2 管理

（1）单位安全生产、环境保护费用实行预算管理，由安全生产、环境保护职能部门会同生产、设备、人事等相关部门编制安全生产、环境保护投入计划，确定安全生产、环境保护费用预算。

（2）单位提取的安全生产、环境保护费用应专户核算；当年提取安全生产、环境保护费用不足的，按正常成本费用渠道列支。

（3）单位按照职业病防治要求，用于预防和治理职业病危害、工作场所卫生检测、健康监护和职业卫生培训等费用，按照国家相关规定，在生产成本中据实列支。

（4）单位安全生产、环境保护投入计划编制和实施应明确各相关责任人和责任部门。计划应包括项目内容、预算、实施方案、责任人、完成期限等，履行编制、审核、批准手续等；单位年度安全生产、环境保护投入计划，应与年度生产经营计划同时下达。

（5）各级安全生产、环境保护职能部门应加强对安全生产、环境保护投入计划实施过程的监督检查。

1.4.3.3 提取标准

（1）机械制造单位以上年度实际营业收入为计提依据，采取超额累退方式按照以下标准平均逐月提取：

①营业收入不超过 1 000 万元的，按照 2% 提取；

②营业收入超过 1 000 万元至 1 亿元的部分，按照 1% 提取；

③营业收入超过 1 亿元至 10 亿元的部分，按照 0.2% 提取；

④营业收入超过 10 亿元至 50 亿元的部分，按照 0.1% 提取；

⑤营业收入超过 50 亿元的部分，按照 0.05% 提取。

（2）冶金单位以上年度实际营业收入为计提依据，采取超额累退方式按照以下标准平均逐月提取：

①营业收入不超过 1 000 万元的，按照 2% 提取；

②营业收入超过 1 000 万元至 1 亿元的部分，按照 1.5% 提取；

③营业收入超过 1 亿元至 10 亿元的部分，按照 0.5% 提取；

④营业收入超过 10 亿元至 50 亿元的部分，按照 0.2% 提取；

⑤营业收入超过 50 亿元的部分，按照 0.1% 提取；

⑥营业收入超过 100 亿元的部分，按照 0.05% 提取。

（3）机电安装工程单位安全费用提取标准为 1.5%。

1.4.3.4 使用范围

（1）完善、改造和维护安全生产、环境保护防护设施设备支出（不含"三同时"要求初期投入的安全设施），包括生产作业场所的防火、防爆、防坠落、防毒、防静电、防腐、防尘、防噪声与振动、防辐射或者隔离操作等设施设备支出，大型起重机械安装安全监控管理系统支出。

（2）配备、维护、保养应急救援器材、设备支出和应急演练支出。

（3）开展重大危险源和事故隐患评估、监控和整改支出。

（4）安全生产、环境保护检查、评价（不包括新建、改建、扩建项目安全评价）、咨询和标准化建设支出。

（5）安全生产、环境保护宣传、教育、培训支出。

（6）配备和更新现场作业人员安全防护用品支出。

（7）安全生产和环境保护适用的新技术、新标准、新工艺、新装备的推广应用。

（8）安全生产、环境保护设施及特种设备检测检验支出。

（9）其他与安全生产和环境保护直接相关的支出。

1.4.3.5 统计管理

（1）各产业集团财务部门会同其安全生产、环境保护职能部门应于每年2月底前，将本单位及下属单位当年度安全生产、环境保护费用提取、使用计划和上一年度安全生产、环境保护费用提取、使用情况，报集团财务部门和安全年生产、环境保护职能部门。

（2）集团财务部门会同其安全年生产、环境保护职能部门汇总后，报上海市财政厅和上海市安全生产行政主管部门备案。

1.4.4 关联文件

无。

1.4.5 附件

无。

2
基础管理

2.1 安全生产环境保护法律法规
及其他要求获取识别评价

2.1.1 概述

2.1.1.1 目的

为规范国家安全生产、环境保护法律法规、标准规范的辨识、获取，以及单位安全生产、环境保护制度的评价等管理要求，特制定本制度。

2.1.1.2 适用范围及有效性

本制度适用于上海电气集团股份有限公司及下属单位，上海电气（集团）总公司及下属单位参照执行。

2.1.1.3 缩写和定义

无。

2.1.1.4 本次调整内容

本制度在 2012 年发布的《安全生产法律法规获取及安全管理制度更新办法》基础上进行格式调整，根据《中华人民共和国安全生产法》、《中华人民共和国环境保护法》对内容进行修订。自本制度发布起，原《安全生产法律法规获取及安全管理制度更新办法》废止。

2.1.2 职责和授权

责任主体	职责和授权
集团	负责对适用于集团的安全生产、环境保护法律法规及其他要求进行获取识别评价
产业集团、单位	参照集团程序执行

2.1.3 文件主要内容

2.1.3.1 获取

（1）单位应组织相关专业人员，开展法律法规、标准和其他要求等内容，具体包括：

①国家法律：全国人大颁布的安全生产法律。

②行政法规：国务院和省级人大颁布的有关安全生产的法规。

③部门规章：国务院各部、委、局和省级人民政府颁布的文件。

④国家标准：国家颁布的安全标准。

⑤行业标准：行业颁布的安全标准，含各类安全规程。

⑥地方法规：省、自治区、直辖市和较大市人民政府颁布的文件。

⑦其他要求：各级政府有关安全生产方面的规范性文件，上级主管部门的要求，地方和相关行业有关的安全生产要求、非法规性文件和通知、技术标准规范等；集团等上级单位的制度和相关要求。

（2）单位应建立法律法规及相关要求的有效获取渠道，包括：

①全国人大公报、国务院公报、安全生产行政主管部门及其他有关政府职能部门。

②各部、委或标准化组织等。

③上级主管部门的要求获取渠道是各上级主管部门。

④安全中介、咨询等机构。

⑤行业技术服务机构。

⑥报刊、书店、互联网等渠道。

（3）单位各职能部门通过上述渠道以走访、电话、传真、信件、会议等方式获取安全生产、环境保护法律法规及相关要求，同时建立必要联系。

（4）单位安全生产、环境保护职能部门负责组织识别和获取适用于本单位活动、产品、服务有关的安全生产、环境保护法律法规及相关要求。

（5）单位各部门负责识别获取适用于其业务范围内的安全生产、环境保护法律法规及相关要求，并在每年1月底前，汇总至安全生产、环境保护职能部门。

（6）安全生产、环境保护职能部门对收集和汇总后的安全生产、环境保护法律法规及相关要求进行梳理，会同各相关部门对法律法规及相关要求进行适用性判定，报分管安全领导审批后，形成"适用法律法规标准及其他要求清单"，并汇编摘录具体条款作为附件。

2.1.3.2 识别评价

（1）单位应每年对已经制定的规章制度、操作规程等的内容与"适用法律法规标准及其他要求清单"中列明的法律法规、标准及其他要求是否全覆盖、是否符合进行识别评价。

（2）对于没有全覆盖的，应明确是等同采用还是进行转化制定；对于不符合的内容，应明确具体条款要求及需修改内容。

2.1.3.3 更新

（1）单位安全生产、环境保护职能部门每年应对本单位"适用法律法规标准及其他要求清单"进行一次更新，使其始终保持最新状态。

（2）单位应按照"适用法律法规标准及其他要求清单"相关要求，辨识出安全生产、环境保护规章制度需修改的内容，按照《安全生产环境保护制度更新实施细则》进行修改。

2.1.4 关联文件

制度文件名称	文件类型
安全生产环境保护制度更新实施细则	实施细则

2.1.5 附件

附件序号	标题	页数
1	适用法律法规标准及其他要求清单	1

表单 适用法律法规、标准及其他要求清单

序号	法律法规、标准及其他事项	生效日期	颁布部门	法规/标准编号	相关条款说明	适用部门	识别日期
1							
2							
3							
4							
5							
6							
7							
8							
9							
10							

2.2 安全生产环境保护制度更新实施细则

2.2.1 概述

2.2.1.1 目的

为加强单位安全生产、环境保护制度更新、评审管理，规范安全生产、环境保护法律法规、标准规范的辨识、获取，特制定本制度。

2.2.1.2 适用范围及有效性

本制度适用于上海电气集团股份有限公司及下属单位，上海电气（集团）总公司及下属单位参照执行。

2.2.1.3 缩写和定义

无。

2.2.1.4 本次调整内容

本制度在 2012 年发布的《安全生产法律法规获取及安全管理制度更新办法》基础上进行格式调整，根据《中华人民共和国安全生产法》、《中华人民共和国环境保护法》对内容进行修订。自本制度发布起，原《安全生产法律法规获取及安全管理制度更新办法》废止。

2.2.2 职责和授权

责任主体	职责和授权
集团	负责对适用于集团的安全生产、环境保护法律法规及其他要求进行更新发布
产业集团、单位	参照集团程序执行

2.2.3 文件主要内容

2.2.3.1 适用性识别

（1）单位应按照《安全生产环境保护法律法规及其他要求获取识别评价》相关要求，开展法律、法规及其他要求获取、识别和评价，明确须转化为制度的内容。

（2）单位应依据以下内容，进行适用性识别：运行中发现的制度缺陷须完善的内容；生产经营活动范围、产品、服务要求；安全生产、环境保护所应具备的条件；职业病危害因素的种类；所属行业；上级主管部门有关要求；相关方有关要求。

2.2.3.2 更新

（1）单位至少每3年对安全生产、环境保护制度、操作规程等进行一次全面梳理和更新。

（2）当发生下列情况时，单位安全生产、环境保护职能部门应对本单位的安全生产、环境保护制度和操作规程进行及时更新：

①颁布新的法律法规，或已颁布的法律法规发生修改。

②增加新工艺、新材料、新设备、新产品（服务），导致产生新的安全风险或环境因素。

③事故或险肇事件调查结果表明原有制度或规程存在缺陷。

④原法律法规废除。

⑤符合性评价结果需要更新的。

2.2.3.3 传达

单位安全生产、环境保护职能部门应将最新的安全生产、环境保护法律法规、标准规范清单及安全生产、环境保护制度和操作规程，下发至各部门和相关方，由其向相关人员进行传达和教育培训。

2.2.4 关联文件

制度文件名称	文件类型
安全生产环境保护法律法规及其他要求获取识别评价	制度

2.2.5 附件

无。

2.3 安全生产环境保护档案管理实施细则

2.3.1 概述

2.3.1.1 目的

为加强单位安全生产、环境保护档案工作，规范对安全生产、环境保护档案的管理，特制定本规定。

2.3.1.2 适用范围及有效性

本制度适用于上海电气集团股份有限公司及下属单位，上海电气（集团）总公司及下属单位参照执行。

2.3.1.3 缩写和定义

安全生产、环境保护档案

是指单位在生产经营和管理活动中形成的对国家、社会和单位有保存价值的各种安全生产、环境保护形式的文件材料。

2.3.1.4 本次调整内容

本制度在 2012 年发布的《安全生产文件、资料、档案管理制度》基础上进行格式调整，根据《中华人民共和国安全生产法》、《中华人民共和国环境保护法》对内容进行修订。自本制度发布起，原《安全生产文件、资料、档案管理制度》废止。

2.3.2 职责和授权

责任主体	职责和授权
集团	安全生产、环境保护职能部门负责集团的安全生产、环境保护管理文件、资料、档案的管理
产业集团、单位	参照集团程序执行

2.3.3 文件主要内容

2.3.3.1 总体要求

（1）单位应依法管理本单位安全生产、环境保护档案，明确管理档案的部门或人员，提高职工档案意识，确保档案完整、准确和安全。

（2）归档的安全生产、环境保护文件材料应完整、准确、系统，文件书写和载体材料应能耐久保存，文件材料整理符合规范。

（3）归档的电子文件，应有相应的纸质文件材料一并归档保存。

2.3.3.2 档案内容

（1）安全生产档案主要包括：

①安全生产责任制文件。

②安全生产规章制度、操作规程。

③安全生产、规划、计划、考核及总结相关资料。

④安全生产会议相关资料，会议签到表、记录、纪要。

⑤安全生产投入资料，安全生产安措费用预算表、决算表。

⑥安全生产检查资料，包括检查计划、检查记录、隐患整改通知单及反馈单、违章行为处罚记录等。

⑦安全生产培训资料，包括培训计划、通知、教材、9种教育培训等相关资料，主要负责人、安全生产、环境保护管理人员、特种作业人员等培训记录表和考核资料，培训或上岗证书复印件等。

⑧安全生产宣传教育及活动资料。

⑨工作场所职业病危害因素种类清单、岗位分布以及作业人员接触情况等资料。

⑩从业人员职业健康检查结果汇总资料，存在职业禁忌证、职业健康损害或者职业病的从业人员处理和安置情况记录以及从业人员职业健康监护档案。

⑪安全生产防护用品配备、发放、维护与更换等记录。

⑫安全生产设备防护设施、应急救援设施基本信息，以及其配置、使用、维护、检修与更换等记录；安全生产检测验收资料，包括电气线路、电气设备检查检测记录。

⑬特种设备使用许可证、检验合格证。

⑭接零、接地、避雷装置检测记录。

⑮劳动防护用品检测记录；特殊防护用品、安全装置产品合格证、质量检测记录。

⑯现场施工机械设备检验记录。

⑰特殊安全设施验收记录。

⑱工作场所职业病危害因素检测、评价报告与记录。

⑲安全生产应急管理资料，包括应急预案、应急培训演练记录、应急响应及处置记录等。

⑳安全生产事故管理资料，包括生产安全事故、职业病危害事故报告记录，事故调查处理报告，工伤事故报表等。

（2）环境保护档案主要包括：

①环境保护责任制文件。

②环境保护规章制度、操作规程。

③环境保护、规划、计划、考核及总结相关资料。

④环境保护会议相关资料，会议签到表、记录、纪要。

⑤环境保护投入资料，环措费用预算表、决算表环评文件。

⑥环境保护宣传教育及活动资料。

⑦环境保护事件管理资料，包括环境保护事件及处理报告。

⑧环境保护应急管理资料，包括应急预案、应急培训演练记录、应急响应及处置记录等。

⑨各类污染物处理装置设计、施工资料、竣工验收资料。

⑩环境影响评价和建设项目设施"三同时"审批、验收等资料。

⑪企业污染物排放总量控制指标和排污申报登记表。

⑫环境危险物质和风险装置明细清单。

⑬污染处理设施运行台账。

⑭固体废弃物外运处置协议、危险废物备案表、转移联单。

⑮各类环境监测报告。

⑯放射性作业专项应急预案。

⑰突发环境事件应急预案。

⑱年度培训计划、培训绩效评估。

⑲环保人员和从业人员各类培训记录和持证登记表。

⑳环境污染隐患排查治理记录。

㉑环保责任书和承诺书。

㉒环境保护会议纪要。

㉓环境保护绩效考核资料等。

（3）其他档案包括：

①建设项目安全生产、环境保护、职业卫生"三同时"相关技术资料，以及其备案、审核、审查或者验收等相关回执或者批复文件。

②安全生产许可证、环境保护排污许可证、职业卫生安全许可证申领，职业病危害项目申报等相关回执或者批复文件。

③与第三方相关的安全生产、环境保护管理协议、合同等。

④其他相关安全生产、环境保护的资料或者文件。

2.3.3.3 立卷归档和档案移交

（1）安全生产、环境保护管理文件在单位行政办公室负责催办后，应及时收回交档案管理员归档；安全生产、环境保护职能等部门确有需要可留存复印件。

（2）安全生产、环境保护职能部门应确定人员负责归档文件材料的收集和整理，并及时将原件移交给档案管理员整理归档。

（3）安措项目、基建工程文件材料在其项目审定、竣工验收后或财务决算后3个月内归档，周期长的可分阶段、单项归档。

（4）2.3.3.2之（1）中的⑨、⑩、⑳项资料由安全生产、环境保护职能部门整理，保管一年后移交给档案管理员保存至少10年。

2.3.3.4 借阅档案及失效档案的销毁

（1）借阅安全生产、环境保护档案应严格按照档案管理的相关规定执行。安全生产、环境保护行政执法人员、从业人员或者其近亲属、从业人员委托的代理人有权查阅、复印从业人员的职业健康监护档案。从业人员离开用人单位时，有权索取本人职业健康监护档案复印件，单位应如实、无偿提供，并在所提供的复印件上签章。

（2）单位应根据法律法规和管理需要确定不同安全生产、环境保护档案的保存年限。当档案到了失效期时，经安全生产、环境保护职能部门负责人审核同意后并报单位法定代表人批准后进行监销。同时，应列出销毁清单永久保存。

2.3.3.5 建立档案工作责任追究制度

单位应建立档案工作责任追究制度，对不按规定归档而造成文件材料损失的，或对档案进行涂改、抽换、伪造、盗窃、隐匿和擅自销毁而造成档案丢失或损坏的直接责任者，依法进行处理。

2.3.4 关联文件

无。

2.3.5 附件

无。

2.4 劳动合同安全监督管理实施细则

2.4.1 概述

2.4.1.1 目的

为加强对劳动合同中安全相关事项监督管理，确保从业人员的合法权益，特制定本制度。

2.4.1.2 适用范围及有效性

本制度适用于上海电气集团股份有限公司及下属单位，上海电气（集团）总公司及下属单位参照执行。

2.4.1.3 缩写和定义

无。

2.4.1.4 本次调整内容

本制度在 2012 年发布的《劳动合同安全监督管理制度》基础上进行格式调整，根据《中华人民共和国安全生产法》、《中华人民共和国劳动合同法》和《女职工劳动保护特别规定》对内容进行修订。自本制度发布起，原《劳动合同安全监督管理制度》废止。

2.4.2 职责和授权

责任主体	职责和授权
单位	负责载明劳动合同或者劳务派遣协议中安全生产相关事项，对劳动合同签订前和解除前需进行的职业健康体检进行监督

2.4.3 文件主要内容

2.4.3.1 劳动合同的订立、续订、变更

（1）单位在确定录用从业人员前或者变更从业人员岗位前，应按照相关要求，组织对从业人员进行岗前体检。

（2）从业人员体检合格被单位录用后，应在签订的劳动合同中载明相关保障从业人员劳动安全、防止职业危害的事项以及为其办理工伤保险的事项，内容至少包括：

①岗位或工种工作过程中存在的危险因素、可能产生的职业病危害及其后果、事故防范及应急措施、职业病防护措施和待遇等。

②从业人员在安全生产、职业卫生方面享有的权利和义务。

③工伤保险方面的事项。

④其他要求。

（3）因采用固定格式合同而未能满足本条款的，应签订补充合同。单位禁止以任何形式与从业人员订立协议，免除或者减轻其对从业人员因生产安全事故伤亡依法应承担的责任。

（4）从业人员在已订立劳动合同期间因工作岗位或者工作内容变更，从事与所订立劳动合同中未告知的存在危险因素和职业病危害因素的作业时，单位应向从业人员履行如实告知的义务，并协商变更原劳动合同相关条款。

（5）单位应为已签订劳动合同的从业人员及时办理工伤保险投保手续。

（6）劳动合同中安全生产相关事项应由安全生产职能部门、工会等单位审核、确认。

2.4.3.2 劳动合同的解除和终止

（1）因下列情况之一的，单位禁止与从业人员解除合同：

①从业人员对本单位安全生产工作提出批评、检举、控告或者拒绝违章指挥、强令冒险作业。

②从业人员在紧急情况下停止作业或者采取紧急撤离措施。

③安全生产管理人员依法履行职责。

④因单位违反 2.4.3.1 中（2）和（3）规定，从业人员拒绝从事存在职业病危害的作业。

⑤从业人员未进行离岗前职业健康检查。

⑥单位女职工处于怀孕、生育和哺乳时期。

（2）单位应在与从事职业病危害的作业或岗位从业人员解除或终止劳动合同前 30 日内，组织对其进行离岗时职业健康检查；离岗前 90 日内的在岗期间职业健康检查可视为离岗时职业健康检查。

2.4.4 关联文件

无。

2.4.5 附件

无。

2.5 安全生产环境保护信息公开实施细则

2.5.1 概述

2.5.1.1 目的

为进一步提高安全生产、环境保护工作透明度，推进安全生产、环境保护工作全面开展，确保信息及时、准确，特制定本制度。

2.5.1.2 适用范围及有效性

本制度适用于上海电气集团股份有限公司及下属单位，上海电气（集团）总公司及下属单位参照执行。

2.5.1.3 缩写和定义

无。

2.5.1.4 本次调整内容

本版本为初始版本，根据《中华人民共和国安全生产法》、《中华人民共和国环境保护法》等相关要求编制。

2.5.2 职责和授权

无。

2.5.3 文件主要内容

2.5.3.1 总体要求

（1）单位应建立健全本单位的安全生产、环境保护信息公开制度，及时、如实地公开其安全生产、环境保护信息。

（2）安全生产、环境保护信息公开按照强制公开和自愿公开相结合原则。

（3）单位应指定机构负责本单位安全生产、环境保护信息公开日常工作。

2.5.3.2 信息公开内容

（1）安全生产信息公开内容包括：安全生产职能部门基本信息、安全生产规章制度和规范性文件、安全生产相关政策、安全生产检查情况、生产安全事故发生情况、法律法规和规章规定应公开的其他信息。

（2）重点排污单位应按相关法律法规及其他要求公开其基础信息、排污信息及其他相关的环境信息。

（3）安全生产、环境保护相关决策、规定或者规划、计划、方案等，涉及单位切身利益或者有重大社会影响的，在决策前应广泛征求意见，并以适当方式反馈或者公布意见采纳情况。

2.5.3.3 信息公开方式

单位应通过便于公众及时、准确知晓信息的方式公开其安全生产、环境保护信息。

2.5.3.4 反馈

单位应建立接受信息反馈渠道，对反馈问题及时处理。

2.5.4 关联文件

无。

2.5.5 附件

无。

2.6 安全生产环境保护会议实施细则

2.6.1 概述

2.6.1.1 目的

为及时解决生产经营活动中出现的安全生产、环境保护问题，消除事故隐患，部署和检查安全生产、环境保护工作，特制定本制度。

2.6.1.2 适用范围及有效性

本制度适用于上海电气集团股份有限公司及下属单位，上海电气（集团）总公司及下属单位参照执行。

2.6.1.3 缩写和定义

安全生产、环境保护会议

包括安全生产、环境保护委员会（以下简称，安环委）会议，安全生产、环境保护工作会议，安全生产、环境保护工作例会，安全生产、环境保护专题工作会议。

2.6.1.4 本次调整内容

本制度在 2012 年发布的《安全生产会议制度》、2014 年发布的《环境保护会议制度》基础上进行格式调整，根据《中华人民共和国安全生产法》、《中华人民共和国环境保护法》对内容进行修订。自本制度发布起，原《安全生产会议制度》废止。

2.6.2 职责和授权

责任主体	职责和授权
集团	安环委主任负责组织年度安全生产、环境保护会议和安全生产、环境保护委员会会议；管理者代表负责组织安全生产、环境保护工作会议；安环委办公室主任负责定期召开安全生产、环境保护专题工作会议

2.6.3 文件主要内容

2.6.3.1 安环委会议

（1）单位安环委会议应至少每季度召开一次，安环委主任或安全生产、环境保护管理者代表是会议召集人。

（2）会议主要内容包括：

①学习、贯彻国家相关安全生产、环境保护方针、政策和要求。

②听取安全生产、环境保护职能部门汇报，分析研究单位安全生产、环境保护形势，提出对策、措施和相关要求，下达相关工作指令。

③研究决定安全生产、环境保护重大事项，审查年度安全生产、环境保护工作计划，实施重大安全技术措施项目，审查安全生产、环境保护费用预算、决算等情况。

④研究决定安全生产、环境保护重大奖惩事项。

（3）会议出安环委办公室组织并记录，形成安环委会议纪要，并由安环委会办公室主任签发。

2.6.3.2 工作会议

（1）集团安全生产、环境保护工作会议应至少每年召开一次；产业集团、重点单位安全生产工作会议应2~3个月召开一次。

（2）集团最高管理者是集团工作会议召集人，参会人员应至少包括：集团领导，集团职能部门负责人，产业集团主要领导、分管领导和安全生产、环境保护职能部门负责人等。

（3）管理者代表是产业集团、重点单位工作会议召集人，参会人员应至少包括分管安全生产负责人，安全生产、环境保护职能部门负责人等。

（4）会议主要内容包括：

①学习贯彻国家相关安全生产、环境保护法律、法规、标准及相关要求，传达上级相关安全生产、环境保护政策及会议精神。

②分析安全生产、环境保护形势，总结阶段性安全生产、环境保护工作，安排下阶段的安全生产、环境保护工作。

③通报安全生产事故和安全生产检查、环境监测、监察、考核情况。

④表彰安全生产、环境保护先进单位和个人。

⑤签订安全生产责任书、环境保护承诺书，交流管理经验等。

（5）会议由安环委办公室组织并记录，形成工作会议会议纪要。

2.6.3.3 工作例会

（1）单位应根据安全生产、环境保护工作实际情况，每2~3个月召开一次安全生产、环境保护工作例会，安全生产、环境保护职能部门负责人是会议召集人。

（2）参会人员应至少包括：单位安全生产、环境保护职能部门负责人，专职、兼职安全生产、环境保护管理人员。

（3）会议主要内容包括：

①学习、贯彻上级相关安全生产、环境保护通知和文件精神。

②分析安全生产、环境保护形势，通报上阶段安全生产、环境保护情况，部署下阶段安全生产、环境保护工作。

③交流安全生产、环境保护管理经验，听取相关情况汇报。

（4）会议由安全生产、环境保护职能部门组织并记录。

2.6.3.4 专题工作会议

（1）单位应根据安全生产、环境保护工作实际需要，安环委可组织召开安全生产、环境保护专题工作会议。

（2）专题工作会议可根据实际工作需要，确定参会单位和人员。

（3）会议由单位安全生产、环境保护职能部门组织并记录。

2.6.4 关联文件

无。

2.6.5 附件

无。

3
教育培训

3.1 安全生产环境保护教育培训管理制度

3.1.1 概述

3.1.1.1 目的

为加强和规范集团安全生产、环境保护教育培训工作，提高从业人员安全生产、环境保护素质，防范伤亡事故，减轻职业危害，防止环境污染，特制定本制度。

3.1.1.2 适用范围及有效性

本制度适用于上海电气集团股份有限公司及下属单位，上海电气（集团）总公司及下属单位参照执行。

3.1.1.3 缩写和定义

无。

3.1.1.4 本次调整内容

本制度在2012年发布的《安全教育培训管理制度》基础上进行格式调整，根据《中华人民共和国安全生产法》、《中华人民共和国特种设备安全法》、《中华人民共和国职业病防治法》、《上海市安全生产条例》、《生产经营单位安全培训规定》、《特种作业人员安全技术培训考核管理规定》、《危险化学品安全管理条例》、《安全生产培训管理办法》、《上海市实施〈安全生产培训管理办法〉若干意见》、《上海市农民工安全生产培训实施办法》、《上海电气安全生产监督管理规定》对内容进行修订。自本制度发布起，原《安全教育培训管理制度》废止。

3.1.2 职责和授权

责任主体	职责和授权
集团	安全生产、环境保护职能部门负责提出培训需求；教育培训职能部门负责编制培训计划并组织实施；安全生产、环境保护职能部门负责监督下属单位实施情况
产业集团	负责提出培训需求，并监督下属单位实施情况
单位	负责制订培训计划，组织、实施和考核从业人员的安全生产、环境保护教育培训工作

3.1.3 主要内容

3.1.3.1 总体要求

单位应编制年度安全生产、环境保护培训计划，培训有记录、考核和评价。根据本单位特点，适时修正计划、变更和补充内容。

3.1.3.2 各级负责人

（1）单位主要负责人和分管安全生产负责人在任职3个月内，应参加安全培训，并经考核合格，取得由上海市安全生产行政主管部门颁发的"生产经营单位负责人安全培训合格证书"。

（2）单位主要负责人初次安全培训时间不得少于32学时；每年再培训时间不得少于12学时。

3.1.3.3 管理人员

（1）安全生产管理人员任职前应参加安全培训，经考核合格，取得由上海市安全生产行政主管部门颁发的"安全生产管理人员安全培训合格证书"。

（2）单位中层干部应参加安全培训，经考核合格后，取得集团颁发的"安全生产管理人员安全培训合格证书"或上海市安全生产行政主管部门颁发的"安全生产管理人员安全培训合格证书"，持证上岗。

（3）安全生产管理人员初次安全培训时间不得少于32学时；每年再培训时间不得少于12学时。

3.1.3.4 操作人员

（1）特种作业人员和特种设备作业人员应按照国家和集团相关要求持证上岗。

（2）单位特种作业人员和特种设备作业人员每年应进行不少于16学时的专门的安全知识和技能再培训。

（3）单位生产班组长、工段长应参加班组长安全生产培训，经考核合格后，取得集团颁发的"班组长安全培训合格证书"或上海市安全生产行政主管部门颁发的"安全生产管理人员安全培训合格证书"，持证上岗。

（4）单位农民工应在三级安全教育完成后，参加具有培训资质机构实施的农民工安全生产培训和考核，取得由上海市安全生产行政主管部门颁发的"上海市农民工安全生产培训证书"，持证上岗。

（5）单位劳务工应在三级安全教育完成后，应参加安全培训，经考核合格后，取得集团颁发的"劳务工安全培训证"，持证上岗。

（6）单位新进人员上岗前应接受三级安全教育，培训时间不得少于24学时。

（7）单位离岗6个月以上的或者换岗的从业人员，应进行二级和三级安全教育，经考试合格后，方可从事新岗位工作。

（8）采用新工艺、新技术、新设备、新材料的，应对从业人员进行专门的安全教育和培训，未经安全教育和培训不得上岗作业。

（9）岗位调整导致从业人员接触的职业病危害因素发生变化的，应重新对其进行上岗前职业卫生培训。

（10）单位生产岗位从业人员的安全生产、环境保护教育培训内容由生产性单位根据相关规定及岗位实际需求设置，应包括：安全生产、环境保护和职业健康相关法律、法规和规章制度，安全操作基本技能和安全技术基础知识，作业场所和工作岗位存在的危险因素、环境因素防范措施以及事故应急措施，劳动防护用品的性能和使用方法以及其他需要掌握的安全生产、环境保护知识。

（11）单位应对在岗的从业人员进行定期（每年应至少组织一次）的安全生产、环境保护和职业卫生教育和培训。从业人员未经教育和培训合格的，不得上岗作业。班组安全活动每月不应少于2次。

（12）外来施工人员、参观人员的安全教育培训，按《相关方安全管理制度》执行。

（13）单位应对环境保护技术人员的知识培训和技术知识更新培训进行考核；其教育培训考核情况记入个人工作档案。

（14）单位应对污染设施操作人员进行岗位培训，并进行考核，考核合格后，方可上岗。

（15）集团实行环境管理人员持证上岗制度。

3.1.3.5 信息管理

（1）单位应建立安全生产、环境保护教育培训档案，如实记录培训的时间、内容、参加人员以及考核结果等情况。

（2）单位应将安全生产、环境保护培训信息情况按要求定期上报。

3.1.4 关联文件

制度文件名称	文件类型
特种作业安全管理实施细则	制度
相关方安全管理制度	制度

3.1.5 附件

附件序号	标题	页数
1	安全生产企业体验馆管理实施办法	2
2	企业新任领导岗前安全生产环境保护教育培训实施办法	3

附件1　安全生产企业体验馆管理实施办法

1 总体要求

1.1 集团安全生产、环境保护职能部门结合单位实训要求，将安全生产、环境保护实训内容纳入《从业人员安全生产教育培训大纲》。

1.2 集团安全生产、环境保护职能部门每年11月向集团培训主管部门提出安体馆实训需求清单，每年7月根据实际情况调整清单。

1.3 集团培训主管部门根据集团安全生产、环境保护培训需求和安体馆实训需求，会同集团安全生产、环境保护职能部门制订相应的安全生产体验实训实施计划。

1.4 上海汽轮机厂安全生产、环境保护职能部门应制定安体馆运行管理制度；根据集团安全生产、环境保护实训要求及需求，组织实训教务的安排和实施；逐步完善安体馆体感项目的硬件和软件建设，做好安体馆的运行管理和维护。

2 制度管理要求

2.1 上海汽轮机厂安全生产、环境保护职能部门应建立包括但不限于以下的相关制度：

（1）安体馆内训师、维护人员管理制度。

（2）安体馆体验馆预约登记制度。

（3）安体馆体验人员进馆安全告知制度。

（4）安体馆设备设施管理及保养制度。

（5）安体馆消防安全管理制度。

（6）安体馆安全检查、应急管理制度。

（7）安体馆体验设备设施操作手册。

（8）安体馆体验费用标准及使用制度。

3 组织管理要求

3.1 安体馆应按照服务于集团、服务于社会的要求，体感培训按照"先内部、后外部"的原则组织实施。

3.2 安体馆的管理、运行、维护管理费用采用封闭式管理方式，体感培训收费最高不超过150元（可分类收费），具体由上海汽轮机厂安全生产、环境保护职能部门按照要求制定细则。

3.3 安体馆应在上海电气门户内（KOA）开发业内实训预约功能，简约流程。

附件2 企业新任领导岗前安全生产环境保护教育培训实施办法

1 培训人员范围

1.1 新任集团行政正、副领导。

1.2 新任产业集团行政正、副领导。

1.3 新任单位行政正、副领导。

2 培训流程和方式

2.1 集团层面的新领导教育培训，以自学为主，由集团安全生产、环境保护职能部门推荐读本。

2.2 产业集团的新任领导由上级干部部门下发任命书后应通知集团安全生产、环境保护职能部门，由集团安全生产、环境保护职能部门安排安全生产、环境保护专家对其实施岗前教育培训工作。

2.3 单位新任领导由上级干部部门下发任命书后应通知本级安全生产、环境保护职能部门实施岗前安全生产、环境保护教育培训工作，或由产业集团安全生产、环境保护职能部门负责实施。

3 岗前培训的主要内容和时间

3.1 集团层面的新领导：

（1）学习国家和上海市的相关安全生产、环境保护法律法规。

（2）了解和熟悉集团安全生产、环境保护顶层设计内容和安环委本年度安全生产、环境保护工作总体要求。

（3）了解集团内单位安全生产、环境保护工作的总体概况和发展趋势。

（4）培训学时16小时。

3.2 产业集团新任领导：

（1）学习国家和上海市的相关安全生产、环境保护的法律法规。

（2）宣贯电气集团相关安全生产、环保工作的制度和规定。

（3）对单位的安全生产、环境保护的责任告知。

（4）发一本安全生产、环境保护的书籍。

（5）签一份安全生产、环境保护的承诺书。

（6）培训学时4小时。

3.3 单位新任领导：

（1）学习国家和上海市的相关安全生产、环境保护的法律法规。

（2）宣贯电气集团相关安全生产、环保工作的制度和规定。

（3）产业集团对下属单位的安全生产、环境保护的责任告知。

（4）发一本安全生产、环境保护的书籍。

（5）签一份安全生产、环境保护的承诺。

（6）培训学时4小时。

4 岗前培训记录

培训单位应建立领导干部安全生产、环境保护培训档案，及时将培训人员的情况记录在案。

5 持证培训告知和安排

所有新任领导应按照法律法规及其他要求参加安全持证上岗培训；培训要求和方式参见《从业人员安全生产教育培训大纲》。

3.2 从业人员安全生产教育培训大纲

3.2.1 概述

3.2.1.1 目的

为规范单位安全生产教育培训工作，督促从业人员了解、掌握安全生产相关法律法规及相关要求，特制定本制度。

3.2.1.2 适用范围及有效性

本制度适用于上海电气集团股份有限公司及下属单位，上海电气（集团）总公司及下属单位参照执行。

3.2.1.3 缩写和定义

无。

3.2.1.4 本次调整内容

本版本为初始版本，根据《中华人民共和国安全生产法》、《生产经营单位安全培训管理规定》、《安全生产培训管理办法》等相关要求编制。

3.2.2 职责和授权

责任主体	职责和授权
集团	负责教育培训大纲的制定和修改

3.2.3 文件主要内容

3.2.3.1 总体要求

（1）单位主要负责人和安全生产管理人员应按法律法规及相关要求，经安全生产培训，具备与本单位所从事的生产经营活动相应的安全生产知识和管理能力。

（2）单位其他从业人员安全生产教育培训应按照本大纲的要求接受安全生产培训，具备与所从事的生产经营活动相适应的安全生产知识和安全生产管理能力。

（3）单位其他从业人员安全生产教育培训以单位自主培训为主，可以多层次、多渠道、多形式。没有培训能力的单位可委托有资质的安全生产培训机构进行培训，或利用广播、电视和网络等实行远程培训和社会化教学。

（4）单位特种作业人员的培训考核工作按照国家安全生产行政主管部门统一制定的特种作业人员的培训大纲组织实施。

（5）特种作业工种培训项目，每项课时增加4小时实训，包括：机械加工安全模拟操作高处作业安全模拟操作、物体打击模拟、起重吊运模拟和实际操作、劳防用品正确选用、安全用电模拟和实际操作、消防模拟演练和逃生、人体急救。

（6）培训应坚持理论与实际相结合，采用多种有效的培训方式，加强案例教学；注重职业道德、安全意识和实际安全生产管理能力的综合培养。

（7）培训应采用政府、集团推荐的优秀教材，并结合单位特点增加相应的辅助资料。

（8）培训须安排授课、现场培训、自学、复习、考试等环节，授课内容及课时安排应符合本大纲及考核标准的要求。

（9）单位其他从业人员以现场培训为主，提高操作技术水平。岗位练兵要以练基本功（实际操作的基本动作、基本技能和基本理论）为主，按照"四懂三会"（懂工艺流程、懂设备结构、懂设备原理、懂设备性能；会操作、会维修保养、会排除故障）要求，达到"四过硬"（在生产操作上过硬、在机器设备使用上过硬、在安全技术上过硬、在复杂情况面前过硬）。

（10）单位应建立生产经营单位主要负责人、安全生产管理人员及其他从业人员的安全生产培训档案。

（11）单位应建立健全从业人员安全生产教育培训制度，保证安全生产教育培训所需人员、资金和设施。

（12）再培训要求：

①单位主要负责人和安全生产管理人员每年应进行安全生产再培训。

②再培训按照有关规定，由具有相应资质的安全培训机构组织进行。

③特种作业人员、国家注册安全工程师等持证人员培训按照国家统一规定组织实施。

④单位要确立终身教育的观念和全员培训的目标，对在岗的从业人员应进行经常性安全生产教育培训。

3.2.3.2 培训内容

（1）主要负责人、安全生产管理人员初次培训内容，应满足下表。

主要负责人、安全生产管理人员初次培训内容

培训项目	培训内容
一、安全生产法律法规	1. 安全生产方针、政策及安全生产形势； 2. 安全生产法律法规体系； 3. 相关安全生产法律法规； 4. 主要负责人的安全生产职责； 5. 违反安全生产法规的责任追究
二、安全生产管理基础知识	1. 安全生产管理的意义、任务和基本内容； 2. 安全生产管理制度； 3. 现代安全管理方法
三、安全生产技术基础知识	1. 电气安全技术知识； 2. 机械安全技术知识； 3. 其他安全技术知识
四、安全生产应急管理	1. 重大危险源基础知识； 2. 隐患排查、治理基础知识； 3. 安全生产应急管理体系； 4. 事故应急预案的编制和演练； 5. 事故调查处理有关规定
五、职业安全卫生	1. 职业健康管理知识； 2. 职业危害及其预防； 3. 个体防护知识
六、国内外先进的安全生产管理经验	
七、典型事故和应急救援案例分析	
八、安全生产体感实训	1. 机械加工安全模拟操作； 2. 高处作业安全模拟操作； 3. 物体打击模拟； 4. 起重吊运模拟、实际操作； 5. 劳防用品正确选用； 6. 安全用电模拟、实际操作； 7. 消防模拟演练、逃生； 8. 人体急救

（2）主要负责人、安全生产管理人员再培训内容：

①有关安全生产新的政策、法律、法规、规章、规程、标准。

②有关安全生产新工艺、新技术、新设备、新材料及其安全技术要求。

③国内外企业安全生产管理、隐患治理的先进经验。

④安全生产形势及典型事故案例分析。

⑤安全生产体感实训，内容为：机械加工安全模拟操作，高处作业安全模拟操作，物体打击模拟，起重吊运模拟、实际操作，劳防用品正确选用，安全用电模拟、实际操作，消防模拟演练、逃生，人体急救。

（3）中层及中层以上干部教育培训主要内容：

①国家有关安全生产的方针、政策、法律法规、相关标准及有关行业的规章、规程和规范。

②安全生产管理的基本知识、方法与安全生产技术，有关行业安全生产管理专业知识。

③隐患排查和治理的基础知识，重大事故防范、应急救援措施及调查处理方法，重大危险源管理与应急救援预案编制原则。

④国内外先进的安全生产管理经验。

⑤典型事故案例分析。

⑥安全生产体感实训。

（4）班组长教育由生产经营单位进行教育培训，或委托有培训资质的单位或人员进行，其内容应根据单位特点，包括法律法规、安全技术常识、班组安全隐患排查知识、岗位危险源和危害因素控制要点等。

（5）生产经营单位对新从业人员，应进行厂、车间（工段、区、队）、班组三级安全生产教育培训、安全生产体感实训。

三级安全生产教育培训内容

三级培训	培训内容	具体要求
厂级	1. 安全生产基本知识； 2. 本单位安全生产规章制度和劳动纪律； 3. 从业人员安全生产权利和义务； 4. 有关事故案例	1. 本单位安全生产形势，安全生产的一般情况，安全生产有关文件； 2. 本单位内特殊危险地点； 3. 一般的电气和机械安全知识教育； 4. 一般的安全技术知识和伤亡事故发生的主要原因、事故教训的教育
车间级	1. 工作环境及危险因素； 2. 所从事工种可能遭受的职业伤害和伤亡事故； 3. 所从事工种的安全职责、操作技能及强制性标准； 4. 自救互救、急救方法、疏散和现场紧急情况的处理； 5. 安全设备设施、个人防护用品的使用和维护； 6. 本车间安全生产状况及规章制度； 7. 预防事故和职业危害的措施及应注意的安全事项； 8. 有关事故案例	1. 车间安全教育由车间主任或副主任负责，车间专职或兼职安全员协助； 2. 本车间的概况，生产性质、生产任务、生产工艺流程；主要设备的特点；安全生产管理组织形式、安全生产规程；本车间的危险区域、有毒有害作业的情况，以及必须遵守的安全事项；本车间的安全生产情况、问题，以及典型事例等
班组级	1. 岗位安全操作规程； 2. 岗位事故隐患排查、风险管控知识； 3. 岗位之间工作衔接配合的安全与职业卫生事项； 4. 有关事故案例	1. 本班组的生产性质、任务，将要从事的生产岗位性质、生产责任； 2. 将要使用的机器设备、工具的性能、特点及安全装置、防护设施性能、作用和维护方法； 3. 本工种安全操作规程和应遵守的纪律制度； 4. 保持工作场所整洁的重要性、必要性及应注意的事项； 5. 个人劳动防护用品的使用和保管； 6. 本班组的安全生产情况，预防事故的措施及发生事故后应采取的紧急措施，事故案例教训

三级培训	培训内容	具体要求
实训	安全生产体感实训	1. 机械加工安全模拟操作； 2. 高处作业安全模拟操作； 3. 物体打击模拟； 4. 起重吊运模拟、实际操作； 5. 劳防用品正确选用； 6. 安全用电模拟、实际操作； 7. 消防模拟演练、逃生； 8. 人体急救

（6）"四新"安全生产教育培训内容：

①安全生产新工艺、新技术、新材料、新设备的新操作方法和新工作岗位教育。

②安全生产法律法规。

③作业场所和工作岗位存在的危险因素、防范措施及事故应急措施。

④事故案例。

（7）单位的"四新"安全教育可按下列形式进行：

①在每天的班前班会上说明安全注意事项，讲评安全生产情况。

②开展安全活动日，进行安全教育、安全检查、安全装置的维护。

③召开安全生产会议，计划、布置、检查、总结、评比安全生产工作。

④召开事故现场会，分析造成事故的原因及其教训，确认事故的责任者，制定防止事故重复发生的措施。

⑤总结发生事故的规律，有针对性地进行安全教育。

⑥组织工人参加安全技术交流，观看安全生产展览与劳动安全卫生影视片等；张贴安全生产宣传画、宣传标语及安全标志等。

（8）职业健康教育是针对从事职业危害作业人员，以及有关部门的车间（分厂）领导、工程技术人员和相关的医务人员，主要内容包括：

①从事职业危害作业的人员应掌握其职业危害因素的性质、危害机理、预防方法以及自救、互救的常识。

②领导干部和工程技术人员要重点了解国家和行业的有关法律、法规、标准，掌握本单位职业危害因素的分布情况和危害程度。

③工程技术人员应掌握预防职业危害的工程技术措施，以及采用新材料、新技术、新工艺、新设备时应具备的职业健康相关知识。

④职业健康教育培训周期为每两年一次。

（9）班组安全教育活动内容包括：

①学习安全生产法律法规、文件、通报、标准和安全管理规章制度。

②学习安全技术知识、职业健康知识。

③结合事故案例，讨论分析典型事故、总结吸取教训。

④开展岗位练兵，弄清情况紧急处理和应急预案演练培训、教育。

⑤开展安全座谈、安全合理化建议和其他安全培训活动。

⑥对本岗位、本班组范围内的不安全行为、不安全状态进行查找、治理，及时排查和消除事故隐患，防止事故的发生。

⑦教育活动每月不少于2次，每次不少于1小时，并做好记录。

（10）全员教育培训内容主要包括：

①安全生产新知识、新技术；安全生产法律法规；作业场所和工作岗位存在的危险因素、防范措施、事故隐患排查及应急措施；事故案例等。

②全员教育的形式多种多样，要做到重点突出、形象生动、简单明了、喜闻乐见等，可采用授课、辅导考试、电化教育等方式进行。

③教育周期为一年一次。

3.2.3.3 培训学时

（1）生产经营单位主要负责人、安全生产管理人员初次安全培训时间不得少于36学时，每年再培训时间不得少于16学时。具体学时安排参考下表。

培训学时要求

项目		培训内容	学时
培训	第一部分（共4学时）	安全生产形势	1
		安全生产法律法规及相关政策	3
	第二部分（共12学时）	安全生产管理/知识	4
		安全生产应急管理	4
		事故管理与案例分析	4
	第三部分（共6学时）	安全生产技术基础知识	4
		职业安全卫生	2
	第四部分（共4学时）	现代安全管理	4
	第五部分（共4学时）	安全生产体感实训	4
	自学与复习		4
	考试		2
	合计		36
再培训	根据再培训内容安排		8
	安全生产体感实训		4
	复习		2
	考试		2
	合计		16

（2）中层及中层以上干部安全生产管理培训时间不得少于28学时；每年再培训时间不得少于12学时。危险物品的生产、经营、储存单位的安全资格培训时间不得少于48学时；每年再培训时间不得少于16学时。

（3）新从业人员岗前安全生产培训时间不得少于28学时。危险性较大的岗位，教育培训时间不得少于52学时。

新从业人员岗前安全生产培训学时安排

项目	培训内容	学时
岗前培训	安全生产基本知识	4
	本单位安全生产情况； 本单位安全生产规章制度和劳动纪律； 从业人员安全生产权利和义务	4
	工作环境及危险因素； 所从事工种可能遭受的职业伤害和伤亡事故； 所从事工种的安全职责、操作技能及强制性； 本车间（工段、区、队）安全生产状况及规章制度； 自救互救、急救方法、疏散和现场紧急情况的处理	6
	安全设备设施、个人防护用品的使用和维护； 预防事故和职业危害的措施及应注意的安全事项； 隐患排查的基本方法	4
	岗位安全操作规程； 岗位安全隐患排查、风险管控知识； 岗位之间工作衔接配合的安全与职业卫生事项； 有关事故案例	4
	安全生产体感实训： 1. 机械加工安全模拟操作； 2. 高处作业安全模拟操作； 3. 物体打击模拟； 4. 起重吊运模拟、实际操作； 5. 劳防用品正确选用； 6. 安全用电模拟、实际操作； 7. 消防模拟演练、逃生； 8. 人体急救	4
	复习	1
	考试	1
	合计	28

3.2.3.4 考核标准

3.2.3.4.1 考核办法

（1）主要负责人、安全生产管理人员的考核为安全生产知识和安全管理能力考试，采用闭卷考试。从业人员的考核为安全生产规章制度操作规程、安全生产知识、安全操作技能、事故应急救援和逃生知识考试，采用闭卷考试。

（2）考试内容应符合本标准规定的范围，其中第一部分占总分数的30%，第二部分占总分数的30%，第三部分占总分数的20%，第四部分占总分数的20%。考试时间为90分钟。

（3）考试不合格者应予补考，补考仍不合格者须重新培训。对考生未能答对的试题，应进行再教育，使其掌握。

（4）考核要点的深度分为了解、熟悉和掌握三个层次，三个层次由低到高，高层次的要求包含低层次的要求。

（5）安全生产体感实训考核要求：主要负责人了解机械工厂基本安全生产风险内容；安全管理人员熟悉机械工厂基本安全生产风险内容。

3.2.3.4.2 考核要点

考核要求

培训项目	考核要求
安全生产法律法规	1. 了解我国安全生产方针、政策及安全生产形势； 2. 了解国家安全生产法律法规体系； 3. 了解国家安全生产法律、法规、规章、标准和规范； 4. 掌握各类人员安全生产职责； 5. 熟悉违反安全生产法规的责任追究
安全生产管理基础知识	1. 了解安全生产管理理论； 2. 熟悉单位安全生产管理制度； 3. 了解现代安全管理方法

续　表

培训项目	考核要求
安全生产技术基础知识	1. 电气安全：了解电气安全的基本安全知识以及安全管理要求；熟悉电气防火防爆安全知识； 2. 机械安全：了解机械设备通用安全技术；了解常用机械操作安全技术；了解机械生产场所安全技术； 3. 了解隐患排查的基本知识与方法； 4. 其他安全：了解危险化学品、特种设备、建筑施工等方面的基础安全技术
安全生产应急管理	1. 了解重大危险源基础知识； 2. 熟悉安全生产应急管理体系； 3. 了解事故应急预案的编制、演练等要求； 4. 掌握生产安全事故分类、事故报告和调查处理要求
职业安全卫生	1. 了解职业危害因素分类和职业病防治知识，职业病及职业危害因素管理要求； 2. 熟悉工业毒物的分类及毒性、危害，防毒措施； 3. 熟悉生产性粉尘、噪声、辐射、高温、灼伤及其对人体的危害，防护措施； 4. 熟悉个体防护用品的分类、选用原则及管理要求
国内外先进的安全生产管理经验	
典型事故和应急救援案例分析	
安全生产体感实训	熟悉机械工厂基本安全生产风险内容

3.2.4 关联文件

无。

3.2.5 附件

无。

4
隐患、风险及预防管控

4.1 安全生产环境保护检查制度

4.1.1 概述

4.1.1.1 目的

为规范集团安全生产、环境保护检查，强化安全生产、环境保护管理，消除事故隐患，预防生产安全事故、突发环境污染事件发生，特制定本制度。

4.1.1.2 适用范围及有效性

本制度适用于上海电气集团股份有限公司及下属单位，上海电气（集团）总公司及下属单位参照执行。

4.1.1.3 缩写和定义

无。

4.1.1.4 本次调整内容

本制度在 2012 年发布的《安全生产检查制度》基础上进行格式调整，根据《中华人民共和国安全生产法》、《中华人民共和国环境保护法》、《上海市安全生产条例》、《安全生产事故隐患排查治理暂行规定》对内容进行修订。自本制度发布起，原《安全生产检查制度》废止。

4.1.2 职责和授权

责任主体	职责和授权
集团、产业集团	负责安全生产、环境保护检查的管理和对下属单位实施监督检查
单位	负责对本单位安全生产、环境保护检查管理和实施

4.1.3 文件主要内容

4.1.3.1 检查内容

（1）检查主要包括管理检查和现场检查。

（2）管理检查主要内容应包括：

①各级领导和安全生产、环境保护职能部门对安全生产、环境保护工作的履职情况，贯彻执行安全生产、环境保护方针、政策和法规情况，各级领导班子研究安全生产、环境保护工作情况的记录、安环委会工作会议记录、日常运行记录等。

②安全生产、环境保护职能部门设置及人员配备，安全生产、环境保护责任制建立，安全生产、环境保护管理制度修订完善情况，生产性建设项目新、改、扩建"三同时"，安全生产、环境保护费用提取和使用，隐患排查治理，相关方管理，应急管理，职业健康管理，劳动保护管理等。

③依法持证人员持证上岗情况，以及从业人员的安全生产、环境保护教育培训情况。

（3）现场检查主要内容应包括：

①安全生产、环境保护责任制落实情况，安全生产、环境保护管理规定、制度和操作规程执行情况。

②按照法律法规及相关要求，作业场所、劳动条件情况。

③作业过程安全生产、环境保护保证措施落实情况。

④相关方安全管理情况。

4.1.3.2 检查形式

（1）主要包括日常检查、综合性检查、专项检查和领导带班检查等。

（2）日常检查主要包括各项安全生产、环境保护管理制度执行以及作业现场安全生产、环境保护情况。

（3）综合性检查由各专业共同参与，以岗位责任制为重点。

（4）专项检查包括专业性检查、季节性检查和节假日检查。

①专业性检查包括危险化学品（包括放射源）、热加工、特种设备、建筑施工、交通班车等项目，每3个月至少进行一次检查。

②季节性检查主要包括防火、防触电、防冻保暖、防雷接地、防暑降温、防汛防台等。

③节假日检查包括元旦、春节、五一、中秋、国庆节等法定节假日的节前、节中、节后检查。

（5）带班检查的领导是集团、产业集团、下属单位主要责任人和分管负责人，集团、产业集团、下属单位主要负责人和分管负责人每年至少组织4次检查。

4.1.3.3 其他要求

（1）集团每年年初制订安全生产检查计划，报上海市安全生产行政主管部门和上海市国资委备案，并同时下发下属单位。

（2）下属单位应根据本制度要求制订安全生产、环境保护检查计划。

（3）安全生产、环境保护检查应认真做好检查记录。

4.1.4 关联文件

制度文件名称	文件类型
生产安全事故隐患及环境污染隐患排查治理	制度

4.1.5 附件

无。

4.2 生产安全事故隐患及环境
污染隐患排查治理制度

4.2.1 概述

4.2.1.1 目的

为建立健全安全生产、环境污染隐患排查治理长效机制，推进隐患排查治理工作，有效防范和减少事故事件的发生，特制定本制度。

4.2.1.2 适用范围及有效性

本制度适用于上海电气集团股份有限公司及下属单位，上海电气（集团）总公司及下属单位参照执行。

4.2.1.3 缩写和定义

4.2.1.3.1 生产安全事故隐患排查

是指对人的活动场所、设备及设施的不安全状态，或者由于人的不安全行为和管理上的缺陷而可能导致人身伤害或者经济损失的潜在危险的排查。

4.2.1.3.2 环境污染隐患排查

是指防止污染物扩散至外部环境所采取的设备、措施、制度等检查。

4.2.1.4 本次调整内容

本制度在 2012 年发布的《隐患排查治理及整改评价制度》基础上进行格式调整，根据《中华人民共和国安全生产法》、《中华人民共和国环境保护法》、《生产安全事故隐患排查治理暂行规定》、《上海市生产安全事故隐患排查治理办法》、《突发环境事件应急管理办法》对内容进行修订。自本制度发布起，原《隐患排查治理及整改评价制度》废止。

4.2.2 职责和授权

责任主体	职责和授权
集团	安全生产、环境保护职能部门负责组织实施生产安全事故隐患、环境污染隐患排查治理,监督、检查和评价实施情况
产业集团、各部门	参照集团程序执行

4.2.3 文件主要内容

4.2.3.1 总体要求

(1) 单位是生产安全事故隐患、环境污染隐患排查主体,主要负责人是本单位生产安全事故隐患、环境污染隐患排查治理的第一责任人。

(2) 单位应建立隐患排查治理机制,明确单位负责人、部门(车间)负责人、班组负责人和具体岗位从业人员的隐患排查治理责任范围。

(3) 单位的安全生产、环境保护管理职能部门应组织、参加隐患排查;监督隐患整改并闭环。

(4) 单位应保证隐患排查治理所需的资金。

(5) 单位将生产经营项目、场所发包、租赁给其他单位的,应对承包、承租单位的隐患排查治理负有统一协调和管理的责任;发现承包、承租单位存在隐患的,应及时督促其整改。

(6) 建立生产安全事故、环境污染隐患排查治理工作奖惩机制,对未定期排查或未及时有效整改的部门和个人,实施责任追究;对成效突出的部门和个人给予奖励。

4.1.3.2 隐患分级

隐患按照危害程度和整改难度,分为以下三个级别:

(1) 三级隐患:危害和整改难度较小,发现后能够在 3 日内排除,或无须停止使用相关设施设备、停产停业即可排除的隐患。

(2) 二级隐患:危害和整改难度较大,需要 4 日以上且停止使用相关设施设备,或需要 4 至 6 日且停产停业方可排除的隐患。

(3) 一级隐患:危害和整改难度极大,需要 7 日以上且停产停业方可排除的隐患,或因非单位原因造成且单位自身无法排除的隐患。

4.1.3.3 隐患排查要求

（1）单位应通过日常检查、专项检查、部门班组自查等检查，加强隐患排查工作。

（2）对确定的安全生产、环境保护风险点位、明确检查、巡查的频次，并跟踪、督查、落实；建立隐患排查台账。

（3）从业人员发现事故隐患、环境污染隐患，应立即向现场安全生产、环境保护管理人员或本单位负责人报告。

（4）单位对发现的隐患，应采取措施予以消除；不能按期消除的，应组织相关技术人员进行分析，采取有效的防范措施保证安全。

（5）单位应加强对自然灾害的预防管理。对于因自然灾害可能导致事故灾难的隐患，应根据法律法规及相关要求，组织开展排查治理。

（6）环境污染隐患排查的主要内容至少包括：环境管理制度执行情况、人员设置及职能落实情况；环境影响评价审批和验收手续是否齐全、有效；环境应急管理工作是否予以落实，应急预案是否具有可操作性；染物排放情况、污染治理情况检查；固体污染物存放点现场检查；生产工艺、设备及生产状况，是否有国家规定淘汰的工艺、设备和技术，污染物（原辅材料）的来源、产生规模、排污去向是否有国家规定；污染治理设施的类型、数量、性能和污染治理工艺，是否符合环境影响评价文件的要求；污染治理设施管理维护情况、运行记录是否正常，设备使用、污染物处理是否按规程操作；污染物排放口（源）及环境保护图形标志是否按规定规范设置。

4.1.3.4 隐患整改和评价

（1）确定为三级隐患的，应采取治理措施，及时消除隐患。

（2）确定为一级隐患或二级隐患的，应停止使用相关设备设施，组织相关人员进行风险评估，按照"五到位"（措施、责任、资金、时限、预案）的原则，制定和落实治理方案，消除隐患。

（3）对确定的隐患，按照事患等级进行登记，并建立隐患信息档案。

（4）隐患治理中，应加强落实现场安全措施和安全监护；对隐患治理中不能保证人员安全的，应从危险区域内撤出作业人员，并疏散可能危及的其他人员，设置警戒标志。

（5）暂时停产或停止使用的设备设施，禁止擅自使用。

（6）隐患整改结束后，应对整改情况进行跟踪、验证和评价。

（7）集团安全生产、环境保护职能部门对一级隐患实施挂牌督办制度，并根据《事故隐患整改分级挂牌督办实施细则》实施。

4.1.3.5 隐患报告

（1）对确认为一级隐患的，应在 12 小时内上报至集团和当地安全生产行政主管部门。

（2）一级隐患风险评估报告和治理方案编制完成后，应报至集团。

（3）一级隐患治理完成后，应委托具有相应资质的安全生产机构进行治理效果评估，并报至集团。

（4）一级隐患因客观原因无法按照时限完成治理目标的，应向集团和当地安全生产行政主管部门，说明延期理由，并上报调整后的治理方案。

4.1.4 关联文件

制度文件名称	文件类型
事故隐患整改分级挂牌督办实施细则	实施细则

4.1.5 附件

无。

4.3 事故隐患整改分级挂牌督办实施细则

4.3.1 概述

4.3.1.1 目的

为加强对事故隐患整改的监督力度，及时消除事故隐患，有效防范和遏制重大事故的发生，特制定本制度。

4.3.1.2 适用范围及有效性

本制度适用于上海电气集团股份有限公司及下属单位，上海电气（集团）总公司及下属单位参照执行。

4.3.1.3 缩写和定义

无。

4.3.1.4 本次调整内容

本制度在 2012 年发布的《事故隐患整改分级挂牌督办制度》基础上进行格式调整，根据《安全生产事故隐患排查治理暂行规定》、《上海市安全生产事故隐患排查治理办法》、《隐患排查治理及整改评价制度》对内容进行修订。自本制度发布起，原《事故隐患整改分级挂牌督办制度》废止。

4.3.2 职责和授权

责任主体	职责和授权
集团	负责挂牌督办一级事故隐患
产业集团	负责挂牌督办二级事故隐患
单位	负责挂牌督办三级事故隐患

4.3.3 文件主要内容

4.3.3.1 总体要求

事故隐患的整改按照隐患实际情况分三级实行挂牌督办，各级安全生产职能部门具体承担挂牌督办事项的相关工作。

4.3.3.2 挂牌督办事故隐患内容

4.3.3.2.1 集团挂牌督办事故隐患（一级事故隐患）

（1）未按国家安全生产法律法规及其他要求，履行安全生产职责，在安全生产管理体系上存在严重缺陷的。

（2）现场检查中发现的重大危险和可能导致重大事故潜在的安全生产隐患；或安全生产隐患需要限期（7 天以上）整改的。

（3）对集团安全生产职能部门已开具的红色整改单，被检单位未按要求按时完成整改的；或因技术原因和整改环节存在问题未事先报告说明列出计划的。

（4）政府部门确认为重大安全生产隐患，并提出安全生产隐患整改要求的。

（5）单位发生重伤以上生产安全事故的（含新增职业病）。

（6）发生有一定经济损失、社会影响恶劣的生产安全险肇事故的。

（7）其他违反相关安全生产法律、法规和规定，情节严重的。

4.3.3.2.2 产业集团挂牌督办事故隐患（二级事故隐患）

（1）单位安全生产管理上存在缺陷，对政府和集团安全生产管理的相关规定和要求未落实；同类隐患屡有发现，在同一生产单元同类隐患超过3次（含3次）的。

（2）安全生产隐患需要限期（4~6天）整改的。

（3）上级单位指定需要产业集团挂牌督办的隐患。

（4）有可能造成重伤以上事故的隐患。

（5）其他需要开具黄色整改单的。

4.3.3.2.3 单位挂牌督办事故隐患（三级事故隐患）

（1）从业人员的不安全行为，经发现，现场立即整改的，但需对相关单位做提醒或警示的。

（2）按要求能在3天内完成整改的设备设施、作业环境等其他一般安全隐患。

（3）上级单位指定需要基层单位挂牌督办的隐患。

（4）本单位认为需要重点关注整改的隐患。

（5）其他需要开具白色整改单的。

4.3.3.3 一级事故隐患挂牌督办程序及要求

（1）由集团安全生产职能部门提出挂牌督办事项、期限要求、责任人建议，报相关领导同意后，以集团安全生产、环境保护委员会名义向事故隐患单位及其下属的产业集团下达事故隐患挂牌督办通知书，同时报送集团相关领导。

（2）挂牌督办通知书应明确事故隐患的名称、督办事项、整改期限、督办解除方式和程序，指明产业集团分管领导为隐患整改监督的责任人，事故隐患单位的主要负责人为隐患整改的责任人。

（3）事故隐患单位应根据需要停止使用相关设施、设备，局部停产停业或者全部停产停业；组织专业技术人员、专家或者具有相应资质的专业机构进行风险评估，明确事故隐患的现状、产生原因、危害程度、整改难易程度；根据风险评估结果制定治理方案，明确治理目标、治理措施、责任人员、所需经费和物资条件、时间节点、监控保障和应急措施；落实治理方案，排除事故隐患。

（4）事故隐患整改单位应定期向上级单位书面报告事故隐患的整改进度。

（5）隐患整改完成后，由事故隐患单位逐级提出验收申请，集团安全生产职能部门最终验收通过后，给予销项，并报送集团相关领导。

（6）对一级事故隐患，集团安全生产职能部门按照《安全生产环境保护约见谈话实施办法》实行约见谈话制度。

4.3.3.4 二级事故隐患挂牌督办程序及要求

（1）由产业集团安全生产职能部门提出挂牌督办事项、期限要求、责任人建议，报相关领导同意后，以产业集团安全生产、环境保护委员会名义向事故隐患单位下达事故隐患挂牌督办通知书，同时报送集团安全生产职能部门。

（2）挂牌督办通知书应明确事故隐患的名称、督办事项、整改期限、督办解除方式和程序，指明事故隐患单位主要负责人为隐患整改监督的责任人，分管生产负责人为隐患整改的责任人。

（3）事故隐患单位应根据需要停止使用相关设施、设备，局部停产停业或者全部停产停业；组织专业技术人员、专家或者具有相应资质的专业机构进行风险评估，明确事故隐患的现状、产生原因、危害程度、整改难易程度；根据风险评估结果制定治理方案，明确治理目标、治理措施、责任人员、所需经费和物资条件、时间节点、监控保障和应急措施；落实治理方案，排除事故隐患。

（4）隐患整改完成后，由事故隐患单位向产业集团安全生产、环境保护委员会提出验收申请，验收通过后，产业集团安全生产、环境保护委员会给予销项，并报送集团安全生产职能部门。

4.3.3.5 三级事故隐患挂牌督办程序及要求

（1）由单位安全生产职能部门提出挂牌督办事项、期限要求、责任人建议，报相关领导同意后，以单位安全生产、环境保护委员会名义向事故隐患部门下达事故隐患挂牌督办通知书。同时报送产业集团安全生产职能部门。

（2）挂牌督办通知书应明确事故隐患的名称、督办事项、整改期限、督办解除方式和程序，指明事故隐患部门主要负责人为隐患整改监督的责任人，分管生产负责人为隐患整改的责任人。

（3）事故隐患部门应在保证安全的前提下，尽快采取措施予以排除，一般当天完成整改；确需在 3 天内完成整改的，应经单位分管领导同意。

（4）隐患整改完成后，由事故隐患部门向单位安全生产、环境保护委员会提出验收申请，验收通过后，单位安全生产、环境保护委员会给予销项，并报送产业集团安全生产职能部门。

4.3.3.6 其他要求

（1）列入一级、二级事故隐患督办的，应制定治理方案。

（2）对挂牌督办事故隐患的治理，单位主要负责人及上级部门应加强领导，协调解决治理过程中的问题。

4.3.4 关联文件

制度文件名称	文件类型
生产安全事故隐患及环境污染隐患排查治理	制度
安全生产环境保护约见谈话实施办法	制度

4.3.5 附件

无。

4.4 危险源环境因素辨识及安全与环境风险评价控制

4.4.1 概述

4.4.1.1 目的

为加强集团危险源、环境因素辨识及安全与环境风险评价控制的管理监督，预防人身伤亡事故和环境污染事件，特制定本制度。

4.4.1.2 适用范围及有效性

本制度适用于上海电气集团股份有限公司及下属单位，上海电气（集团）总公司及下属单位参照执行。

4.4.1.3 缩写和定义

4.4.1.3.1 危险源

是指可能导致从业人员伤害或疾病、工作环境破坏或这些情况组合的危险设备、设施和场所可能导致人身伤害和（或）健康的根源、状态或行为，或其组合。

4.4.1.3.2 环境因素

是指一个组织的活动、产品或服务中能与环境发生相互作用的要素。

4.4.1.3.3 风险管控

是指采取管理和技术措施，使风险降至组织可容许程度。

4.4.1.4 本次调整内容

本制度在 2012 年发布的《危险源管理制度》基础上进行格式调整，依据《中华人民共和国安全生产法》、《中华人民共和国环境保护法》、《危险化学品重大危险源监督管理暂行规定》、《上海市安全生产事故隐患排查治理办法》、《GB/T24004-2004 环境管理体系原则体系和支持技术通用指南》、《GB/T28001-2011 职业健康安全管理体系要求》、《GB/T214001-2013 环境因素要求》对内容进行修订。自本制度发布起，原《危险源管理制度》

废止。

4.4.2 职责和授权

责任主体	职责和授权
集团、产业集团	安全生产、环境保护职能部门负责提出风险管控要求，制订风险管控计划，督促下属单位落实管控措施
单位	负责辨识本单位危险源及环境因素，制订本单位风险管控计划，落实管控措施，并定期评审更新

4.4.3 文件主要内容

4.4.3.1 总体要求

（1）单位是危险源、环境因素辨识和安全与环境风险评价控制的责任主体，其主要负责人对本单位危险源、环境因素辨识和安全与环境风险评价控制全面负责。

（2）从业人员发现生产安全和环境隐患的，应立即向现场管理人员或者本单位负责人报告；接收报告人员应及时予以处理。

4.4.3.2 分级

（1）危险源按危险程度分为重大危险源、重要危险源和一般危险源。

（2）环境因素按重要程度可分为重要环境因素和一般环境因素。

4.4.3.3 风险辨识和评价

（1）单位应开展危险源、环境因素辨识和评价，确定危险源、环境因素危险等级，并告知从业人员。

（2）危险源及环境因素辨识范围包括单位区域内各类设备设施及作业场所，包括生产设备、辅助设施、建筑物、材料、运输线路、员工、作业环境及相关方等。

（3）危险源及环境因素辨识应以车间或部门工艺、工序过程为主线，结合安全生产、环境保护检查表，采取现场逐项调查的方法进行。

（4）危险源的危险程度、环境因素的严重程度评价，可借助作业条件打分法、专家经验评判法等方法。重大危险源、环境因素的确定按照相关法律法规及其他要求执行；重要危险源、环境因素和一般危险源、环境因素的判定标准，由各单位根据实际生产经营情况自行确定。

4.4.3.4 风险管理和控制

（1）对于确定为重大危险源、环境因素的，单位应按照相关要求向政府相关部门进行登记备案，建立健全重大危险源、环境因素管理制度，制定重大危险源、环境因素管理技术措施和应急预案。

（2）对于确定为重大危险源、环境因素的，单位每年至少开展一次综合应急演练或专项应急演练，每半年至少开展一次现场处置应急演练及评估。

（3）对于确定为重大危险源、环境因素的，列为集团安全生产、环境保护职能部门重点监察对象。确定为重要危险源、环境因素的，列为产业集团的重点监控对象。

（4）单位新建、改建、扩建工程项目中存在重大危险源、环境因素时，应在项目可行性分析报告和初步设计中对重大危险源、环境因素进行风险评价与风险控制，并制定事故应急救援预案。在项目完工试运行时，应对重大危险源、环境因素的管理控制措施进行安全生产、环境保护评价。

（5）单位应加强对所辨识出的危险源、环境因素的管理，建立健全安全生产、环境保护技术控制措施和组织管理措施。

（6）单位应建立危险源、环境因素分布及控制管理平面图，标明全厂危险源、环境因素（点）位置及注明危险源、环境因素级别和责任人。

（7）单位确定的危险源、环境因素，应按照《安全生产环境保护和职业病危害警示标志管理实施细则》规定，设置安全生产、环境保护警示标志。

（8）单位应按照政府安全生产、环境保护行政主管部门的相关规定，建立健全危险源、环境因素排查治理制度，开展危险源、环境因素风险评估，完善危险源、环境因素风险防控措施和隐患排查治理措施。

（9）单位应建立本单位危险源、环境因素目录和评价排查治理档案及其他安全生产、环境保护管理档案。

4.4.3.5 更新

单位每年应组织开展一次危险源、环境因素变更情况评估，对原有及新增危险源、环境因素的等级进行重新评定。对于已不构成重大危险源、环境因素的，应及时向政府相关部门申请核销。

4.4.4 关联文件

制度文件名称	文件类型
安全生产环境保护和职业病危害警示标志管理实施细则	实施细则

4.4.5 附件

无。

4.5 安全生产预测预警管理实施细则

4.5.1 概述

4.5.1.1 目的

为落实单位安全生产主体责任和建立安全生产预警系统，全面识别安全生产运行风险，科学系统地统计运行过程中安全信息，分析安全生产形势，及时对潜在的安全生产状态进行预警，特制定本制度。

4.5.1.2 适用范围及有效性

本制度适用于上海电气集团股份有限公司及下属单位，上海电气（集团）总公司及下属单位参照执行。

4.5.1.3 缩写和定义

4.5.1.3.1 预测

指在掌握现有安全生产信息的基础上，依照一定的方法和规律对未来的安全生产状况进行测算，以预先了解安全生产发展的过程与结果。

4.5.1.3.2 预警

是指在事故发生前进行预先警告，即对将来可能发生的危险进行事先的预报，提请相关当事人注意。

4.5.1.3.3 安全生产预测预警

是指在全面辨识反映安全生产状态指标的基础上，通过隐患排查、风险管理等安全方法及工具，提前发现、分析和判断可能导致事故发生的信息，定性定量表示单位安全生产状态，及时发布安全生产预警信息，最大限度地降低事故发生概率及后果严重程度。

4.5.1.3.4 安全生产预测预警指数

是指将反映单位安全生产及事故特征影响的要素指标，通过数据统计或建模、计算、分析，定性、定量化表示安全生产状态，反映单位某一时段安全生产状态的数值。

4.5.1.4 本次调整内容

本版本为初始版本，根据《中华人民共和国安全生产法》等相关要求编制。

4.5.2 职责和授权

责任主体	职责和授权
集团	负责提出安全生产预测预警要求，实施预测预警，并对下属单位进行指导监督
单位	负责建立本单位安全生产预测预警管控体系，评估、分析本单位安全生产状态，定期上报和发布预警信息，组织落实、实施和管控

4.5.3 文件主要内容

4.5.3.1 总体要求

单位应根据生产经营状况及隐患排查治理情况，采用技术手段、仪器仪表及管理方法等，建立安全预测预警指标系统，每月进行一次分析。

4.5.3.2 预测预警指数

（1）指标控制指数，主要包括：

①事件、事故控制情况：生产安全事故发生数，职业病新增人数，群体性食物中毒事件数。

②事故处理：生产安全事件、事故上报及时率，事故"四不放过"执行率。

（2）信息沟通指数，主要包括：

①外部信息通报情况：受政府行政主管部门检查批评数，集团安全生

产职能部门约见谈话数，相关方投诉数。

②信息报送情况：报送及时率，抽查符合率。

③安全会议执行情况：安全生产职能部门负责人参与率，安全会召开及时性。

（3）安全运行指数，主要包括：

①隐患排查治理：挂牌督办隐患数，隐患整改率，重复性隐患发生率。

②作业现场管控：人员违章数，危险作业审批率，防护措施落实率。

③培训教育：安全培训覆盖率，安全培训合格率。

④管理体系：三大体系外审不符合项数。

（4）合规性管控指数，主要包括：

①特种作业人员管控情况：持证上岗率，参培率，考试通过率。

②特种设备合规性管理情况：年检率，注册覆盖率。

③全管理人员资质情况：持证率，注册安全工程师人员配备率。

④职业危害作业人员管理情况：体检率，体检合格率。

⑤"三同时"执行情况：新、改、扩建项目、工程、设备、设施等评价验收率。

⑥班组安全生产标准化建设情况：自评率，一级标准化班组达标率。

（5）应急管理指数，主要包括：

①应急演练计划执行率。

②现场处置方案演练执行率。

③应急演练效果评估符合度。

④预案文本修订及时率。

4.5.3.3 预警信息

（1）安全生产预警分值满分100分；分值越高，安全水平越高。

（2）安全生产预警划分为安全、注意、警告、危险等4个等级，分别用绿色、橙色、黄色、红色来表示对应的状态。

①安全（绿色）：分值超过90分（含90分）。

②注意（橙色）：分值在80~90分之间（含80分）。

③警告（黄色）：分值在60~80分之间（含60分）。

④危险（红色）：分值低于 60 分。

4.5.3.4 预警要求

（1）集团、产业集团安全生产职能部门应每月对下属单位安全生产运行情况、隐患随机抽查、现场定期检查，及时进行预测预警、纠偏。

（2）集团、产业集团安全生产职能部门应每月对下属单位安全预测预警信息进行收集、汇总，并进行分析、评价，予以公示。

（3）当出现橙色等级时，相关单位应予以注意。

（4）当出现黄色等级时，由产业集团安全生产职能部门下发安全生产预警通知单，并与责任单位主要负责人进行约谈，形成约谈纪要。

（5）当出现红色等级时，由集团安全生产职能部门下发安全生产预警通知单，并与责任单位主要负责人进行约谈，形成约谈纪要。

（6）集团、产业集团安全生产职能部门对责任单位约谈事项的落实情况进行跟踪、验证，并将结果予以反馈。

（7）每月公示的预警信息将作为年度安全生产绩效评价的重要依据。

4.5.4 关联文件

制度文件名称	文件类型
隐患排查治理及整改评价制度	制度
安全生产环境保护约见谈话制度	制度
安全生产预警通知单	表单

4.5.5 附件

附件序号	标题	页数
1	安全生产预警指数评定标准	2

附件 1 安全生产预警指数评定标准

序号	项目	类别	指数	目标值（%）	评测细则	分值	得分
1	指标控制	事件、事故数	生产安全事故发生数	0	每起死亡事故扣20分 每起重伤事故扣10分 每起轻伤事故扣5分	20	
2			职业病新增人数	0	每确认1人扣20分		
3			群体性食物中毒事件数	0	每发生1起扣20分		
4		事故处理	事件、事故上报及时率	100	低于100%扣10分	10	
5			事故"四不放过"执行率	100	低于100%扣10分		
6	信息沟通	外部信息通报	受政府主管部门检查批评数	0	每增加1次扣3分	5	
7			集团安全生产职能部门约见谈话数	0	每增加1次扣3分		
8			相关方投诉数	0	每增加1次扣3分		
9		信息报送	报送及时率	100	低于100%扣2分	5	
10			抽查符合率	90	低于90%扣2分		
11		安全会议	安全会召开及时性	100	低于100%扣2分	5	
12			安全生产职能部门负责人参与率	100	低于100%扣2分		
13	安全运行	隐患排查治理	Ⅰ、Ⅱ级挂牌督办隐患数	0	每增加1次扣5分	5	
14			隐患整改率	100	低于100%，扣5分		
15			重复性隐患发生率	0	每增加1次扣5分		
16		作业现场管控情况	人员违章数	0	每增加1次扣3分	5	
17			危险作业审批率	100	低于100%扣5分		
18			防护措施落实率	100	低于100%扣5分		
19		培训教育情况	安全培训覆盖率	100	低于100%扣5分	5	
20			安全培训合格率	100	低于100%扣5分		
21		管理体系运行	三大体系外审不符合项数	0	每增加1项扣2分	5	

续　表

序号	项目	类别	指数	目标值（%）	评测细则	分值	得分
22	合规性管控	特种作业人员	持证上岗率	100	低于100%扣5分	5	
23			参培率	100	低于100%扣5分		
24			考试通过率	100	低于100%扣5分		
25		特种设备合规性	年检率	100	低于100%扣5分	5	
26			注册覆盖率	100	低于100%扣5分		
27		安全管理人员资质	持证率	100	低于100%扣5分	5	
28			注册安全工程师人员配备率	集团要求	低于要求扣5分		
29		职业危害作业人员	体检率	100	低于100%扣5分	5	
30			体检合格率	100	低于100%扣5分		
31		"三同时"	新、改、扩建项目、工程、设备、设施等评价验收率	100	低于100%扣5分	5	
32		班组安全生产标准化建设	自评率	100	低于100%扣5分	5	
33			一级标准化班组达标率	80	低于80%扣5分		
34	应急管理	实施效果	应急演练计划执行率	100	低于100%扣5分	5	
35			现场处置方案演练执行率	100	低于100%扣5分		
36			应急演练效果评估符合度	100	低于100%扣5分		
37			预案文本修订及时率	100	低于100%扣5分		

表单　安全生产预警通知单

签发时间：　　　　　　　　编号：

签发单位	
签发人	
预警级别	□红色预警　　□黄色预警　　□橙色预警
接受单位	

预警事由

接受单位负责人签字		签字日期	

5

事故管理

5.1 生产安全事故环境污染事件报告 处理统计管理制度

5.1.1 概述

5.1.1.1 目的

为明确生产安全事故和环境污染事件的范围、分类、报告、调查处理、统计的管理工作要求，特制定本制度。

5.1.1.2 适用范围及有效性

本制度适用于上海电气集团股份有限公司及下属单位，上海电气（集团）总公司及下属单位参照执行。

5.1.1.3 缩写和定义

5.1.1.3.1 生产安全事故

是指生产经营单位在生产经营活动（包括与生产经营相关的活动）中突然发生的，伤害人身安全和健康，或者损坏设备设施，或者造成经济损失的，导致原生产经营活动（包括与生产经营活动相关的活动）暂时中止或永远终止的意外事件。

5.1.1.3.2 环境污染事件

是指由于违反环境保护法规的经济、社会活动与行为，以及意外因素的影响或不可抗拒的自然灾害等原因使环境受到污染，国家重点保护的野生动植物、自然保护区受到破坏，人体健康受到危害，社会经济与人民财产受到损失，造成不良社会影响的突发性事件。

5.1.1.4 本次调整内容

本制度在 2012 年发布的《生产安全事故报告调查和处理制度》基础上，根据《中华人民共和国安全生产法》、《中华人民共和国环境保护法》、《生产安全事故报告和调查处理条例》、《突发环境事件信息报告办法》对内容进行修订。自本制度发布起，原《生产安全事故报告调查和处理制度》废止。

5.1.2 职责和授权

责任主体	职责和授权
集团、产业集团、单位	负责按规定报告、处理、调查和统计

5.1.3 文件主要内容

5.1.3.1 分类和分级

（1）集团生产安全事故分为以下 3 类：

①轻伤事故：指造成员工肢体伤残或某些器官功能性或者器质性轻度损伤，表现为劳动能力的暂时丧失的伤害。一般指受伤者歇工一个工作日（含）以上的，但够不上重伤的。

②重伤事故：指员工肢体伤残或视觉、听觉等器官受到严重的损伤，一般能引起人体长期存在功能障碍或劳动能力有重大损失的伤害。

③死亡事故：指一次死亡 1~2 人的事故。

（2）集团生产安全事故分为以下 3 级：

生产安全事故分级

级别	《生产安全事故报告和调查处理条例》	上海电气要求	
1. 特别重大事故	是指造成 30 人以上死亡，或者 100 人以上重伤（包括急性工业中毒，下同），或者 1 亿元以上直接经济损失的事故	Ⅰ级	一次死亡 2 人以上的事故，或者 3 人以上重伤（包括急性工业中毒），或者 1 000 万元以上直接经济损失的事故
2. 重大事故	是指造成 10 人以上 30 人以下死亡，或者 50 人以上 100 人以下重伤，或者 5 000 万元以上 1 亿元以下直接经济损失的事故		

续　表

级别	《生产安全事故报告和调查处理条例》		上海电气要求
3. 较大事故	是指造成3人以上10人以下死亡，或者10人以上50人以下重伤，或者1 000万元以上5 000万元以下直接经济损失的事故	Ⅱ级	一次死亡1人的事故，或者2人重伤（包括急性工业中毒），或者100万～1 000万元直接经济损失的事故
4. 一般事故	造成3人以下死亡，或者10人以下重伤，或者1 000万以下直接经济损失的事故	Ⅲ级	一次重伤1人的事故（包括急性工业中毒），或者多人的轻伤事故，或者100万元以下直接经济损失的事故

（3）集团环境污染事件分为以下7类：

①有毒有害物质污染事故；

②毒气污染事故；

③爆炸事故；

④农药污染事故；

⑤放射性污染事故；

⑥油污染事故；

⑦废水非正常排放污染事故。

（4）集团环境污染事件分为以下3级：

环境污染事件分级

级别	《突发环境事件信息报告办法》	上海电气要求
特别重大事故（Ⅰ级）	（1）因环境污染直接导致10人以上死亡或100人以上中毒的； （2）因环境污染需疏散、转移群众5万人以上的； （3）因环境污染造成直接经济损失1亿元以上的； （4）因环境污染造成区域生态功能丧失或国家重点保护物种灭绝的； （5）因环境污染造成地市级以上城市集中式饮用水水源地取水中断的； （6）1、2类放射源失控造成大范围严重辐射污染后果的	Ⅰ级 （1）因环境污染直接导致人员2人以上死亡或3人以上重伤（包括中毒）； （2）因环境污染需疏散、转移群众，造成重大社会影响的； （3）1 000万元以上直接经济损失的事故； （4）1、2类放射源丢失、被盗、失控造成环境影响
重大事故（Ⅱ级）	（1）因环境污染直接导致3人以上10人以下死亡或50人以上100人以下中毒的； （2）因环境污染需疏散、转移群众1万人以上5万人以下的； （3）因环境污染造成直接经济损失2 000万元以上1亿元以下的； （4）因环境污染造成区域生态功能部分丧失或国家重点保护野生动植物种群大批死亡的； （5）因环境污染造成县级城市集中式饮用水水源地取水中断的； （6）重金属污染或危险化学品生产、贮运、使用过程中发生爆炸、泄漏等事件，或因倾倒、堆放、丢弃、遗撒危险废物等造成的突发环境事件发生在国家重点流域、国家级自然保护区、风景名胜区或居民聚集区、医院、学校等敏感区域的； （7）1、2类放射源丢失、被盗、失控造成环境影响，或核设施和铀矿冶炼设施发生的达到进入场区应急状态标准的，或进口货物严重辐射超标的事件； （8）跨省（区、市）界突发环境事件	

级别	《突发环境事件信息报告办法》	上海电气要求	
较大事故（Ⅲ级）	（1）因环境污染直接导致3人以下死亡或10人以上50人以下中毒的； （2）因环境污染需疏散、转移群众5 000人以上1万人以下的； （3）因环境污染造成直接经济损失500万元以上2 000万元以下的； （4）因环境污染造成国家重点保护的动植物物种受到破坏的； （5）因环境污染造成乡镇集中式饮用水水源地取水中断的； （6）3类放射源丢失、被盗或失控，造成环境影响的； （7）跨地市界突发环境事件	Ⅱ级	（1）因环境污染直接导致人员1人死亡或者2人重伤（包括中毒）； （2）因环境污染造成人员疏散、转移等较大社会影响的； （3）100万~1 000万元直接经济损失的事故； （4）3类放射源丢失、被盗或失控，造成环境影响的
一般事故（Ⅳ级）	除特别重大突发环境事件、重大突发环境事件、较大突发环境事件以外的突发环境事件	Ⅲ级	导致人员1人重伤（包括中毒），或者多人的轻伤，或者100万元以下直接经济损失的事故。因违规受到政府处罚的事件

5.1.3.2 应急救援

单位发生生产安全事故或突发环境污染事件，按照《安全生产环境保护应急管理》相关要求，开展应急救援工作。

5.1.3.3 事故报告

（1）发生轻伤事故，负伤人员或事故现场相关人员应以最快的方式将事故发生的时间、地点、经过、原因等立即逐级上报至单位主管领导和安全生产、环境保护职能部门。安全生产、环境保护职能部门应及时向区安全生产行政主管部门报告事故概况。发生事故班组在24小时内，按照"四不放过"原则进行事故分析，找出事故原因，查处事故责任人，提出防范措施；安全生产、环境保护职能部门做好备案。

（2）发生轻伤事故后应在 10 日内通过信息平台以及书面报告同时上报集团安全生产、环境保护职能部门。书面报告内容如下：

①轻伤事故报告：发生事故的单位、地点、时间、单位性质、在册人数（包括劳务人员）、人员受伤情况（伤者姓名、性别、年龄、工种和本工种工龄）、事故发生过程简述。

②当月轻伤事故报表。

③"四不放过"内容。

（3）发生 III 级事故的，事故部门应立即报告单位主管领导和安全生产、环境保护职能部门，事故单位应在 2 小时内，在上报政府相关部门的同时通过传真以书面形式将事故快报（见附表）上报至集团安全生产、环境保护职能部门。

（4）发生 II 级事故的，事故发生 1 小时内，事故发生单位将事故快报上报至政府相关部门和集团安全生产、环境保护职能部门。集团安全生产、环境保护职能部门查清事故情况后报告至集团管理者代表。

（5）发生 I 级事故的，事故发生 30 分钟内，事故发生单位在上报政府相关部门的同时，向集团安全生产、环境保护职能部门做事故快报。集团安全生产、环境保护职能部门在接到报告后 30 分钟内向集团领导报告，掌握具体情况后及时以书面等形式向总裁（总经理）办公室报告。在事故处置过程中级别发生变化的，应按照变化后的级别报告信息。

（6）发生环境污染事件时，相关单位应立即采取应急措施并向所在地区、县人民政府突发公共事件应急联动机构或者环境保护行政主管部门报告，30 分钟内向集团安全生产、环境保护职能部门报告。可能危及市民生命健康和财产安全的，应立即通知当地政府和周边单位、居民。停止导致环境污染事件的相关作业。

（7）事故发生后，应妥善保护事故现场以及相关证据，任何单位和个人禁止破坏事故现场、毁灭相关证据。

（8）突发环境事件的报告分为初报、续报和处理结果报告。初报在发现或者得知突发环境事件后首次上报；续报在查清相关基本情况、事件发展情况后随时上报；处理结果报告在突发环境事件处理完毕后上报。

（9）事故报告应及时、准确、完整，对单位发生事故后未在规定时间内及时上报，故意拖延报告时间、少报或迟报、漏报、谎报或者瞒报的：

①轻伤事故上升为重伤事故考核。

②在集团公司范围内予以通报。

③列入安全生产诚信建设与履职考核范畴。

（10）外来单位发生伤亡事故的，按照本制度执行。

5.1.3.4 事故调查

（1）轻伤事故由事故单位组织调查处理。由单位安全生产、环境保护职能部门做备案。

（2）重伤以上事故由事故单位配合政府事故调查组调查，并在事故调查报告批复后15个工作日内报集团安全生产、环境保护职能部门备案。

（3）发生较大事故，按《生产安全事故报告和调查处理条例》（国务院令第493号）、《突发环境事件调查处理办法》（环境保护部令第32号）进行调查上报。

（4）从业人员因工死亡或被确定为因工负伤或职业病的，经治疗伤愈后或处于相对稳定状态时，单位按相关规定的要求办理。

（5）较大突发环境事件及以上由政府环境保护行政主管部门调查处理；一般突发环境事件的调查处理由事发地区环境保护行政主管部门视情况组织，单位做好配合。单位在事件调查批复报告下达后15个工作日内报集团安全生产、环境保护职能部门备案。

（6）集团安全生产、环境保护职能部门在事故发生后，及时开展现场检查和调查。

5.1.3.5 事故处理

（1）发生生产安全事故及交通、设备、火灾、爆炸和环境污染事件，必须严格执行"四不放过"的原则（即事故原因与责任没有查清不放过，事故责任者和员工没有受到教育不放过，事故整改措施没有落实不放过，事故责任者没有受到处理不放过）。

（2）对事故调查组提出的防范措施和处理意见，单位应按照相关规定及时落实。

（3）对伤亡事故、险肇事故和环境污染事件发生后隐瞒不报、谎报、故意迟延和故意破坏事故现场，或者无正当理由拒绝接受调查，以及拒绝提供相关情况和资料的，由相关行政主管部门按相关规定，对相关责任人员给予行政处分，构成犯罪的，依法追究刑事责任。

（4）重伤以上事故处理工作完成之日起 10 个工作日内，落实情况报集团安全生产、环境保护职能部门审查、备案。

（5）员工因工负伤不能从事原岗位工作的须经治疗终结后，根据医疗终结结论，由医务部门提交单位劳动鉴定委员会讨论，确定是否适宜原岗位工作或适当换岗位。

5.1.3.6 事故统计

（1）根据《市安全监管局关于做好生产安全（工矿商贸）事故相关统计工作的通知》（沪安监执法〔2014〕105 号）要求进行统计认定、划分、核销。

（2）单位应按照《生产安全事故统计报表制度》（安监总统计〔2014〕103 号）的规定，全面、如实填报生产安全事故统计报表，禁止瞒报、迟报。

（3）单位应制定本单位生产安全事故调查和统计分析制度，加强生产安全事故以及险肇事故深层次原因分析，为本单位安全生产管理、事故预防控制提供依据。

（4）每月 5 日前，集团安全生产、环境保护职能部门将"伤亡事故报表（基层）"上报市安全生产行政主管部门，并同时留存备查。

（5）单位应对生产安全事故以及险肇事故进行原因分析，提出措施建议，实施事故整改督办。

5.1.3.7 事故信息发布

（1）当发生 Ⅱ 级及以上事故后，由集团安全生产、环境保护委员会办公室报经集团领导同意后，由集团总裁办统一协调，并发布信息。

（2）当发生 Ⅲ 级事故后，由单位安全生产、环境保护委员会办公室报经单位主要负责人和上级部门同意后，发布信息。

5.1.4 关联文件

制度文件名称	文件类型
安全生产环境保护应急管理	制度
事故快报表	表单

5.1.5 附件

无。

表单 事故快报表

〔201 〕× 号

报告单位：   签发人：

报告时间：

关于×××××××××公司生产安全、环境污染事件的报告

事故时间				地点			
涉险总人数	人	死亡	人		失踪		人
被困	人	受伤	人		中毒		人
环境污染简况							
事故单位名称					经济类型		
事故 简况							
现场 处置 情况							
备注							

报告人（签名）：   联系电话：

抄报：

6
应急管理

6.1 安全生产环境保护应急管理制度

6.1.1 概述

6.1.1.1 目的

为规范集团安全生产应急管理工作，提升单位生产安全事故应急处置能力，特制定本制度。

6.1.1.2 适用范围及有效性

本制度适用于上海电气集团股份有限公司及下属单位，上海电气（集团）总公司及下属单位参照执行。

6.1.1.3 缩写和定义

生产安全事故

是指生产经营单位在生产经营活动（包括与生产经营相关的活动）中突然发生的，伤害人身安全和健康，或者损坏设备设施，或者造成经济损失的，导致原生产经营活动（包括与生产经营活动相关的活动）暂时中止或永远终止的意外事件。

6.1.1.4 本次调整内容

本制度是在 2012 年发布的《安全生产应急管理制度》基础上，根据《中华人民共和国安全生产法》、《中华人民共和国突发事件应对法》、《生产安全事故应急预案管理办法》、《上海市〈生产安全事故应急预案管理办法〉实施细则》对内容进行修订。自本制度发布起，原《安全生产应急管理制度》废止。

6.1.2 职责和授权

责任主体	职责和授权
集团	负责组织编制集团应急预案；负责实施对下属单位应急预案、应急培训和预案演练等进行监督检查
单位	负责本单位及下属单位、部门的应急管理

6.1.3 文件主要内容

6.1.3.1 总体要求

（1）单位主要负责人是安全生产、环境保护应急管理第一责任人。

（2）单位应建立安全生产、环境保护应急管理责任体系，加强安全生产、环境保护应急管理。

（3）单位应急预案应备案，并与上级部门和各级人民政府相关部门的应急预案形成良好的衔接。

（4）单位应与社会应急力量相互合作，共同防范、互通信息。

6.1.3.2 应急预案管理

（1）集团安全生产、环境保护委员会办公室负责建立集团生产安全事故、突发环境事件应急预案体系，下级单位的应急预案是集团和产业集团应急体系的构成部分。

（2）单位生产安全事故、突发环境事件应急预案应根据《生产经营单位生产安全事故应急预案编制导则》及相关要求编写。

（3）单位应对本单位的应急预案进行评审（或论证），应急预案经评审（或论证）后，由单位主要负责人签署发布。

（4）单位应急预案在主要负责人签署公布后 30 日内向政府行政主管部门申请备案登记。集团应急预案应向上海市安全生产行政主管部门备案，产业集团、生产性单位应急预案应报所在区县安全生产监督管理部门和集团安全生产、环境保护职能部门备案。

（5）有下列情形之一的，应急预案应及时修订，并重新备案：

①依据的法律、法规、规章和标准发生变化的。

②生产安全事故、突发环境事件响应标准发生变化的。

③应急处置的组织体系、领导机构组成及成员单位职责分工、办事机构等的职责已经调整的。

④应急预案演练评估报告要求修订的。

⑤应急预案备案管理部门要求修订的。

⑥其他需要修订的情形。

6.1.3.3 应急准备管理

（1）单位应建立应急培训制度，根据应急预案中的职责分工，针对应急指挥人员、应急管理人员、应急救援人员等开展相应内容的应急知识培训。

（2）单位每年应至少组织一次应急教育，普及生产安全事故、突发环境事件预防、避险、自救和互救知识，提高从业人员安全意识和应急处置技能。

（3）单位应建立健全生产安全事故、突发环境事件应急演练制度，每年制订应急演练计划并报送安全生产、环境保护应急管理机构备案。

（4）单位每年至少组织一次应急预案演练，并组织相关人员对演练效果进行评估，分析存在问题，并对应急预案提出修订意见。

（5）单位应根据应急工作需求，加强应急管理人员、专兼职应急队伍管理和建设。

（6）单位应根据应急要求配备相应的应急资源，建立使用状况档案，定期检测和维护，使其处于良好状态。

6.1.3.4 应急处置管理

（1）生产安全事故、突发环境事件发生后，单位应根据制定的应急预案，启动应急处置工作。

（2）事故报告、处理等按《生产安全事故环境污染事件报告处理统计管理》执行；相关信息发布应根据事故严重程度，按照集团相关规定执行。

（3）事故应急指挥和协调按照分级原则实施，完成处置后，相关单位应对应急过程进行总结，提出应急预案的修订意见并修订完善。

6.1.4 关联文件

制度文件名称	文件类型
生产安全事故环境污染事件报告处理统计管理	制度

6.1.5 附件

无。

7

过程控制

7.1 生产设备设施安全管理制度

7.1.1 概述

7.1.1.1 目的

为规范生产设备设施建设、购置、运行、拆除、报废全过程的安全管理，特制定本制度。

7.1.1.2 适用范围及有效性

本制度适用于上海电气集团股份有限公司及下属单位，上海电气（集团）总公司及下属单位参照执行。

7.1.1.3 缩写和定义

生产设备设施

是指生产经营单位用于生产的机械、电气装置及安全生产、职业卫生和环境保护设施。

7.1.1.4 本次调整内容

本制度在 2012 年发布的《生产设备设施安全管理制度》基础上进行格式调整，根据《中华人民共和国安全生产法》、《中华人民共和国职业病防治法》、《上海市安全生产条例》、《作业场所职业健康监督管理暂行规定》、《劳动密集型加工企业安全生产八条规定》、《建设项目安全设施"三同时"监督管理暂行办法》、《工作场所职业卫生监督管理规定》对内容进行修订。自本制度发布起，原《生产设备设施安全管理制度》废止。

7.1.2 职责和授权

责任主体	职责和授权
单位	负责生产设备设施的采购、使用、维护、报废、档案等管理

7.1.3 文件主要内容

7.1.3.1 建设和购置

（1）生产设备设施的建设应遵循集团《生产性建设项目安全生产职业卫生设施"三同时"管理制度》、《环境影响评价及环境保护设施"三同时"审批实施细则》。

（2）单位应优先采用有利于防治职业病和保护从业人员健康的新技术、新工艺、新设备、新材料，逐步替代职业病危害严重的技术、工艺、设备、材料。

（3）生产设备设施的采购应从合格企业或供应商中进行，优先采购本质安全度高的设备设施，并要求供应商提供相应的产品合格证书等材料。

（4）生产设备设施的安装、调试、验收应按照相关技术规范要求进行，并指定专人负责。大型设备设施的安装调试应制定专门安全技术保障方案。

（5）对新购置的生产设备设施，应组织技术、安全等部门对其可能引发的事故风险进行分析，制定完善相应的安全操作规程。

（6）生产设备设施验收时，应对其安全生产、职业卫生防护措施进行同步验收。

7.1.3.2 运行

（1）生产设备设施的危险部位、职业危害作业点应张贴有明显的警示标识，关键部位的防护还应有防误动作措施。各类危险设备应安装有效的防护装置来保证操作者安全，并定期检查防护装置的可靠性。

（2）设备设施应加强日常保养和维护，并定期检查，做好记录。

（3）检维修前应制定方案，检维修过程中应执行隐患控制措施并进行监督检查，并做好记录。

（4）单位应定期组织专业技术和其他相关人员，进行生产设备设施事故隐患排查。

（5）单位禁止将生产场所、设备发包或者出租给不具备安全生产条件或者相应资质的单位或者个人。

（6）安全生产、环境保护和职业卫生设施应始终处于有效状态，禁止随意拆除、挪用或弃置不用；确因检维修临时拆除的，应采取临时安全措施，检维修完毕后立即复原。

（7）对封闭性的放射源，应根据剂量强度、照射时间以及照射源距离，采取有效的防护措施；具有辐射作业场所的生产过程应根据危害性质配置必要的监测仪表。维护和检修放射线、放射性同位素仪器和设备的人员应配备个人专用防护器具。

（8）产生粉尘、毒物的生产过程和设备，应尽量考虑机械化和自动化，加强密闭，避免直接操作，应结合生产工艺采取通风措施；产生粉尘、毒物等有害物质的工作场所，应有冲洗地面、墙壁的设施。

（9）对可能发生急性职业危害的有毒、有害设备设施和工作场所，应设置报警装置，制定应急预案，配置现场应急救援设备设施，设置应急撤离通道和必要的泄险区。

（10）单位可根据自身特性确认危险设备设施名录，实行专项管理。

7.1.3.3 拆除和报废

（1）大型设备设施或涉及危险化学品的设备设施的拆除过程应委托专业机构进行，并进行必要的事故风险分析，制定事故防范措施。

（2）禁止将报废的设备设施及安全生产、职业卫生防护装置失效的设备设施进行转让。

（3）安全生产、职业卫生和环境保护设施的管理，按照《安全生产职业卫生和环境保护设施管理实施细则》执行。

7.1.4 关联文件

制度文件名称	文件类型
生产性建设项目安全生产职业卫生设施"三同时"管理制度	实施细则
环境影响评价及环境保护设施"三同时"审批实施细则	实施细则
安全生产职业卫生和环境保护设施管理实施细则	实施细则
放射性作业安全生产环境保护管理实施细则	实施细则

7.1.5 附件

无。

7.2 安全生产职业卫生和环境保护设施管理实施细则

7.2.1 概述

7.2.1.1 目的

为确保单位安全生产、职业卫生和环境保护设施有效运行，充分发挥防护防范作用，特制定本制度。

7.2.1.2 适用范围及有效性

本制度适用于上海电气集团股份有限公司及下属单位，上海电气（集团）总公司及下属单位参照执行。

7.2.1.3 缩写和定义

安全生产、职业卫生和环境保护设施

以下简称为防护设施。

7.2.1.4 本次调整内容

本制度在 2012 年发布的《环境保护设施管理的规定》基础上进行格式调整，根据《中华人民共和国安全生产法》、《中华人民共和国环境保护法》、《中华人民共和国职业病防治法》对内容进行修订。自本制度发布起，原《环境保护设施管理的规定》废止。

7.2.2 职责和授权

责任主体	职责和授权
单位	负责安全生产、职业卫生和环境保护设施的采购、使用、维护、报废、档案等管理

7.2.3 文件主要内容

7.2.3.1 总体要求

（1）单位应建立健全防护设施的设计、制造、安装、使用、检测、维修、改造和报废等环节管理制度，并有相应的工作计划、实施记录等，实施全过程管理。

（2）单位应将防护设施纳入生产设备设施管理范畴，确保处于完好状态，禁止擅自拆除或停止使用。

7.2.3.2 工作要求

（1）防护设施交付使用前，使用部门应建立健全岗位责任、操作规程等制度，并开展相关培训，指定专人进行管理。

（2）防护设施应按照要求在明显位置设置警示标志。

（3）防护设施发生故障，有可能造成社会影响的，单位应立即停止使用，并及时向产业集团、集团和所在地政府行政主管部门报告，并采取相应措施。

（4）防护设施的运行状况应纳入单位内部的管理考核。

（5）建设项目中的防护设施应按照《生产性建设项目安全生产职业卫生设施"三同时"管理制度》相关要求执行。

7.2.4 关联文件

制度文件名称	文件类型
生产性建设项目安全生产职业卫生设施"三同时"管理制度	实施细则
环境影响评价及环境保护设施"三同时"审批实施细则	实施细则
生产设备设施安全管理	制度

7.2.5 附件

无。

7.3 特种设备安全管理实施细则

7.3.1 概述

7.3.1.1 目的

为加强特种设备全生命周期安全管理，保证特种设备安全、稳定运行，避免发生特种设备安全事故，特制定本制度。

7.3.1.2 适用范围及有效性

本制度适用于上海电气集团股份有限公司及下属单位，上海电气（集团）总公司及下属单位参照执行。

7.3.1.3 缩写和定义

特种设备

是指对人身和财产安全有较大危险性的锅炉、压力容器（含气瓶）、压力管道、电梯、起重机械、客运索道、大型游乐设施、场（厂）内专用机动车辆。

7.3.1.4 本次调整内容

本制度在 2012 年发布的《特种设备安全管理制度》基础上进行格式调整，根据《中华人民共和国安全生产法》、《中华人民共和国特种设备安全法》、《特种设备安全监察条例》、《上海电气安全生产、环境保护管理监督规定》对内容进行修订。自本制度发布起，原《特种设备安全管理制度》废止。

7.3.2 职责和授权

责任主体	职责和授权
单位	负责特种设备的采购、备案、使用、维护、年检、报废、档案等管理

7.3.3 文件主要内容

7.3.3.1 总体要求

（1）单位主要负责人对其生产、经营、使用的特种设备安全负责。

（2）单位应建立岗位责任、隐患治理、应急救援等安全管理制度，制定操作规程，保证特种设备安全运行。

7.3.3.2 购置

（1）购置的特种设备，应符合相关特种设备安全技术规范及相关标准。

（2）特种设备交付时，应随附安全技术规范要求的设计文件、产品质量合格证明、安装及使用维护保养说明、监督检验证明等相关技术资料和文件。

7.3.3.3 安装、改造和修理

（1）单位在特种设备安装、改造和修理前，应对施工单位的安全资质进行审查、验证。同时，应要求施工单位按规定向相关特种设备安全生产行政主管部门书面告知拟进行的特种设备安装、改造和修理情况。

（2）锅炉、压力容器、电梯、起重机械的安装、改造、修理以及场（厂）内专用机动车辆的改造、修理竣工后，安装、改造、修理的施工单位应在验收后 30 日内将相关技术资料和文件移交使用单位。使用单位应将其存入该特种设备的安全技术档案。

（3）锅炉、压力容器、压力管道、电梯、起重机械的安装、改造、重大修理过程完成后，应经特种设备检验机构按照安全技术规范的要求进行监督检验合格后，方可投入使用。

7.3.3.4 使用和维护

（1）单位应使用取得许可生产并经检验合格的特种设备，禁止使用国家明令淘汰和已经报废的特种设备。

（2）特种设备在投入使用前或者投入使用后 30 日内，单位应向特种设备安全生产行政主管部门办理使用登记，取得使用登记证书。登记标志应置于该特种设备的显著位置。

（3）单位应指定相应的专（兼）职人员负责特种设备及其作业人员的

安全管理，并建立包括以下内容的特种设备安全技术档案：

①特种设备的设计文件、制造单位、产品质量合格证明、安装及使用维护保养说明、监督检验证明等相关技术资料和文件。

②特种设备的定期检验和定期自行检查的记录。

③特种设备的日常使用状况记录。

④特种设备及其安全附件、安全保护装置、测量调控装置及相关附属仪器仪表的日常维护保养记录。

⑤特种设备的运行故障和事故记录等。

（4）单位应对其使用的特种设备进行经常性维护保养和每月一次的自行检查，并记录。

（5）单位对其使用的特种设备的安全附件、安全保护装置进行定期校验、检修，并记录。

（6）单位在对在用特种设备进行自行检查和日常维护保养时，发现问题应立即处理；情况紧急时，可以决定停止使用特种设备并及时报告本单位相关负责人。

7.3.3.5 检测检验

单位在特种设备安全检验合格有效期届满前1个月应向特种设备检验检测机构提出定期检验要求。未经定期检验或者检验不合格的特种设备，禁止继续使用。

7.3.3.6 报废

特种设备存在严重事故隐患，无改造、修理价值，或者达到安全技术规范规定的其他报废条件的，单位应依法予以报废，并应向原登记的特种设备安全生产行政主管部门办理使用登记证书注销手续。

7.3.4 关联文件

制度文件名称	文件类型
特种作业及特种设备作业安全管理实施细则	实施细则

7.3.5 附件

无。

7.4 安全生产环境保护和职业病危害
警示标志管理实施细则

7.4.1 概述

7.4.1.1 目的

为规范单位安全生产、环境保护和职业病危害警示标志设置，特制定本制度。

7.4.1.2 适用范围及有效性

本制度适用于上海电气集团股份有限公司及下属单位，上海电气（集团）总公司及下属单位参照执行。

7.4.1.3 缩写和定义

无。

7.4.1.4 本次调整内容

本制度在 2012 年发布的《安全生产和职业病危害警示标志管理制度》基础上进行格式调整，根据《中华人民共和国安全生产法》、《中华人民共和国职业病防治法》、《工作场所职业卫生监督管理规定》、《安全标志及其使用导则》、《工作场所职业病危害警示标识》对内容进行修订。自本制度发布起，原《安全生产和职业病危害警示标志管理制度》废止。

7.4.2 职责和授权

责任主体	职责和授权
集团	负责对单位安全生产、环境保护和职业病危害警示标志提出管理要求并实施监督
单位	负责安全生产、环境保护和职业病危害警示标志实施

7.4.3 主要内容

7.4.3.1 警示标志的分类和基本形式

7.4.3.1.1 分类

（1）禁止标志：禁止不安全行为的图形文字符号。

（2）警告标志：提醒对周围环境需要注意，以避免可能发生危险的图形文字符号。

（3）指令标志：强制做出某种动作或采用防护措施的图形文字符号。

（4）提示标志：提供某种信息（如安全设施或场所等）的图形文字符号。

7.4.3.1.2 基本形式

（1）禁止标志：红色圆环加斜杠。

（2）警告标志：黄色等边三角形。

（3）指令标志：蓝色圆形。

（4）提示标志：绿色正方形和长方形。

（5）警示语句是一组表示禁止、警告、指令、提示或描述工作场所职业病危害的词语。警示语句可单独使用，也可与图形标识组合使用。

7.4.3.2 设备设施警示标志的设置

（1）单位应在有较大危险因素的生产经营场所和相关设施、设备上，设置明显的安全警示标志。

（2）单位应在生产经营场所和员工宿舍应设有明显的符合紧急疏散要求的警示标志。禁止锁闭、封堵生产经营场所或者员工宿舍的出口。

（3）单位应在重大危险源、存在严重职业病危害的场所设置明显标志，标明风险内容、危险程度、安全距离、防控办法、应急措施等内容。

（4）单位应在醒目位置设置公告栏，在存在安全生产风险的岗位设置告知卡，分别标明本单位、本岗位主要危险危害因素、后果、事故预防及应急措施、报告电话等内容。

（5）对于厂区不同介质的管线，应按照《工业管道的基本识别色、识别符号和安全标识》（GB7231）和《安全色》（GB2893）规定，涂上不同的颜色，并注明介质名称和流向。

（6）厂内道路应设置符合《工业企业厂内铁路、道路运输安全规程》（GB4387）规定的限速、限高、禁行等警示标志。

（7）设备设施上的开关、启动按钮、机械旋转部位、吊装孔等易导致人员伤亡的部位或其前方应设相应警示标志。

（8）可能产生职业病危害设备设施上或其前方，应设置相应的警示标志。

（9）可能产生职业病危害的化学品、放射性同位素和含放射性物质的材料的，产品包装要设置醒目的警示标志。

（10）在设备设施发生故障或维修、检修时，应根据现场情况，设置"禁止启动"或"禁止入内"等警示标志，并加注必要的警示语句。

7.4.3.3 职业病危害作业场所及岗位警示标志的设置

（1）在使用有毒物品作业场所入口或作业场所的显著位置，设置"当心中毒"或者"当心有毒气体"警告标志，"戴防毒面具"、"穿防护服"、"注意通风"等指令标志和"紧急出口"、"救援电话"等提示标志。

（2）在使用高毒物品作业场所，应设置红色区域警示线、警示标识和中文警示说明。在使用一般有毒物品作业场所，应设置黄色警示线、警示标识和中文警示说明。警示说明应载明产生职业危害的种类、后果、预防以及应急措施等内容。警示线设置在使用有毒物品作业场所外缘不少于30cm处。

（3）在使用有毒物品作业岗位的醒目位置设置符合《工作场所职业病危害警示标识》（GBZ158）要求的"有毒物品作业岗位职业病危害告知卡"，告知卡应载明高毒物品的名称、理化特性、健康危害、防护措施及应急处理等告知内容与警示标志。

（4）存在粉尘、噪声、高温、生物性职业病危害因素、放射性同位素和使用反射性装置的作业场所以及可能产生职业性灼伤和腐蚀、电光性眼炎等职业病危害的作业场所，应按《工作场所职业病危害警示标识》（GB158）的规定设置相应的警示标志。

7.4.3.4 其他场所警示标志的设置

（1）贮存可能产生职业病危害的化学品、放射性同位素和含有放射性物质材料的场所，在入口处和存放处设置相应的警示标识、告知卡以及简明中文警示说明。

（2）重大危险源现场、煤气等易燃易爆物质容易泄露和积聚的场所，应设置醒目的警示标志及告知卡。

（3）职业病危害事故现场，根据实际情况，应设置临时警示线，划分出不同功能区。

（4）各类场所的安全通道、疏散通道、安全出口等应设置指示标志。

（5）公共消防设施、器材存放处应设置指示标志。

（6）施工、吊装等作业现场应设置警戒区域和警示标志。

7.4.3.5 其他相关要求

（1）警示标志的颜色应符合《安全色》（GB2893）规定的要求。

（2）警示标志牌的规格、设置高度、使用要求等应符合《安全标志及其使用导则》（GB2894）规定的要求。

（3）警示标志应每半年检查一次，保持整洁、清晰。发现有破损、变形、褪色等不符合要求时应及时修整或更换。

7.4.4 关联文件

无。

7.4.5 附件

无。

7.5 作业过程安全生产环境保护管理制度

7.5.1 概述

7.5.1.1 目的

为加强作业现场安全生产、环境保护工作，规范生产作业程序，消除事故隐患，保障员工安全与健康，特制定本制度。

7.5.1.2 适用范围及有效性

本制度适用于上海电气集团股份有限公司及下属单位，上海电气（集团）总公司及下属单位参照执行。

7.5.1.3 缩写和定义

无。

7.5.1.4 本次调整内容

本制度在 2012 年发布的《生产现场作业安全管理制度》基础上进行格式调整，制度内容不变，根据《中华人民共和国安全生产法》、《中华人民共和国环境保护法》、《上海市安全生产条例》对内容进行修订。自本制度发布起，原《生产现场作业安全管理制度》废止。

7.5.2 职责和授权

责任主体	职责和授权
集团、产业集团	负责对下属单位作业现场安全生产、环境保护进行管理监督
单位	负责本单位作业现场安全生产、环境保护管理

7.5.3 文件主要内容

7.5.3.1 人员管理要求

（1）上岗前，从业人员应自觉接受培训，考核合格后方可上岗作业。

（2）严格按照工艺和操作规程的规定作业。

（3）实习人员上岗操作应有师傅带领指导，禁止独立操作。

（4）应按规定配备、正确穿戴劳动防护用品，并在指定区域内工作。

（5）非本工种人员或非本机人员禁止操作设备。

（6）特种作业人员和特种设备作业人员应持证上岗。

7.5.3.2 作业现场管理要求

（1）单位应根据生产岗位特点进行危险源、环境因素辨识，编制适用的安全操作规程和风险管控措施。

（2）作业现场实行危险源和环境因素告知，标志应符合法律法规及其他要求。

（3）涉及危险作业和职业病危害区域，按照《安全生产环境保护和职业病危害警示标志管理实施细则》要求，设置警示标志。

（4）作业前，检查、确认作业现场处于安全状态，严格执行交接班制度。

（5）作业中，保持作业现场整洁，确保设备设施安全可靠，废弃物应分类处置。

（6）作业后，清理、检查作业现场。

7.5.3.3 设备设施管理要求

（1）各种设备设施、安全装置、环境保护设备、职业病危害防护设施及工器具，应定期进行检查、保养，确保处于完好状态。

（2）重点设备设施应设专人管理。

（3）消防设施应确保可靠有效，禁止擅自挪用。

7.5.3.4 监督检查要求

（1）按照"谁主管、谁负责"的原则，实施属地化管理，对从业人员、设备设施、环境及相关作业实施管理监督。

（2）单位主要负责人、安全生产、环境保护管理人员应加强作业现场安全生产、环境保护检查，杜绝"三违现象"，并做好记录。

（3）加强对班组现场安全生产标准化工作的检查。

7.5.3.5 事故应急及处理要求

（1）作业现场发生生产安全事故、突发环境污染事件时，应及时采取有效应急措施，及时上报。

（2）作业现场带班人员、班组长和调度人员在遇到险情时，具有第一时间下达停产撤人命令的权力。

（3）对事故（未遂事故）按"四不放过"原则处理。

7.5.3.6 其他要求

单位应按照本制度及相关规范要求（见附件），制定作业现场安全生产、环境保护制度实施细则，规范作业现场安全生产、环境保护工作。

7.5.4 关联文件

制度文件名称	文件类型
安全生产环境保护和职业病危害警示标志管理实施细则	实施细则

7.5.5 附件

附件序号	标题	页数
1	常用生产现场安全管理规范要求	6
2	企业搬迁安全生产环境保护管理规定	3

附件1　常用生产现场安全管理规范要求

1 生产现场定置管理

1.1 五定内容

（1）人员定置：规定每个操作人员工作位置和活动范围，严禁串岗。

（2）设备定置：根据生产流程要求，合理安排设备位置。

（3）工件定置：根据生产流程，确定零部件存放区域、状态标识和流程图。

（4）工位器具定置：确定工位器具存放位置和物流要求。

（5）工具箱定置：工具箱内各种物品要摆放整齐。

1.2 定置管理实施要求

（1）有物必有位：生产现场物品各有其位，分区存放，位置明确。

（2）有位必分类：生产现场物品按照工艺和检验状态，逐一分类。

（3）分类必标识：状态标识齐全、醒目、美观、规范。

（4）按区域定置：认真分析绘制生产现场定置区域，生产现场所有物品按区域标明位置，分类存放；不能越区、不能混放、不能占用通道。

2 生产现场"5S"管理

（1）整理：把要与不要的人、事、物分开。生产现场不需要的应从生产现场清除掉。

（2）整顿：在整理的基础上，把生产现场需要的进行定置管理。

（3）清扫：生产加工部位除随时清扫保持清洁整齐外，工作台附近禁止有杂物。

（4）清洁：每个从业人员持证上岗，仪容整洁大方。

（5）素养：上班时间未经主管同意禁止擅离工作岗位，在非指定场所严禁抽烟；每个从业人员要养成良好工作作风和严明的纪律，不断提高全体从业人员自身的素质。

3 生产区内"十四不准"

（1）加强明火管理，防火、防爆区内，不准吸烟。

（2）生产区内，不准带进小孩。

（3）禁火区内，不准无阻火器车辆行驶。

（4）上班时间，不准睡觉、干私活、离岗和干与生产无关的事。

（5）在班前、班上不准喝酒。

（6）不准使用汽油等挥发性强的可燃液体擦洗设备、用具和衣物。

（7）不按工厂规定穿戴劳动防护用品（包括工作服、工作鞋、工作帽等）的，不准进入生产岗位。

（8）安全装置不齐全的设备不准使用。

（9）不是自己分管的设备、工具不准动用。

（10）检修设备时安全措施不落实，不准开始检修。

（11）停机检修后的设备，未彻底检查，不准启动。

（12）不戴安全带，不准登高作业。

（13）脚手架、跳板不牢，不准登高作业。

（14）石棉瓦上不固定好跳板，不准登石棉瓦作业。

4 预防事故要"十问"

（1）身体状况是否正常。

（2）心理状况是否正常。

（3）班前是否进行安全检查。

（4）劳动保护用品是否穿戴。

（5）操作技术是否熟练掌握。

（6）是否会处理工作中的异常情况。

（7）自己周围是否存在危险因素。

（8）工作中是否有不良习惯。

（9）是否严格遵守安全操作规程。

（10）是否注重消除危险隐患。

5 生产现场安全生产自律准则"20条"

（1）要正确使用与清洁整理物料架、模具架、工具架。

（2）作业台面要整洁。

（3）正确使用、定位摆放模具、量具、工夹具。

（4）机器上不能有不必要的物品、工具，工具摆放要牢靠。

（5）私人用品及衣物等要定位置放。

（6）手推车、小推车要定位放置。

（7）塑料箱、铁箱、纸箱等搬运箱要定位摆放。

（8）润滑油、清洁剂等用品要定位放置并做标识。

（9）消耗品（如抹布、手套、扫把等）要定位摆放。

（10）物料、成品、半成品等要堆放整齐。

（11）通道、走道要保持畅通。通道内不能摆放物品（如电线、手推车）。

（12）不良品、报废品、返修品要定位摆放并隔离。

（13）易燃物品要定位摆放并隔离。

（14）下班后，要清扫物品并摆放整齐。

（15）垃圾、纸屑、烟蒂、塑料袋、破布要消除。

（16）废料、余料、吊料等要随时清理。

（17）地上、作业区的油污要及时清扫。

（18）垃圾箱、桶内外要清扫干净。

（19）工作环境要随时保持整洁干净。

（20）地上、门窗、周边要保持清洁。

6 操作工的"六严格"

（1）严格进行交接班。

（2）严格进行巡回检查。

（3）严格控制工艺指标。

（4）严格执行操作规范。

（5）严格遵守劳动纪律。

（6）严格执行相关安全规定。

7 全体从业人员防火"三懂"、"三会"

7.1 "三懂"

（1）一懂本岗位产生火灾的危险性。

（2）二懂本岗位预防火灾的措施。

（3）三懂本岗位扑救火灾的方法。

7.2 "三会"

（1）一会报警。

（2）二会使用本岗位灭火器材。

（3）三会扑救初起火。

8 "十不登高"

（1）患有禁忌症不登高。

（2）未经认可和审批不登高。

（3）没戴好安全帽、没系好安全带不登高。

（4）脚手架、梯子等不符合安全要求不登高。

（5）安全未交底和现场无专人监护不登高。

（6）穿易滑鞋、携带笨重物品不登高。

（7）石棉瓦、彩钢板等无垫板不登高。

（8）酒后不登高。

（9）高压线旁无隔离措施不登高。

（10）照明不足不登高。

附件 2　企业搬迁安全生产环境保护管理规定

1 总体要求

1.1 搬迁时，原则上不允许生产。

1.2 搬迁时若生产，应向上级主管部门和集团安全生产、环境保护职能部门书面报告安全生产、环境保护措施方案和监管责任人。

2 职责

2.1 搬迁单位要认真履行安全生产、环境保护主体责任，建立搬迁领导小组和工作小组，明确各安全生产、环境保护职责。

2.2 搬迁单位主要负责人是安全生产、环境保护第一责任人；搬迁时应在班子层面指定专人负责组织、协调和管理。

3 搬迁前准备

3.1 搬迁单位主要负责人组织制订和实施搬迁计划，内容包括：

（1）搬迁的总体安排、时限要求。

（2）人员、经费和物资安排。

（3）专项搬迁方案。

（4）专项应急预案和安全生产、环境保护措施。

（5）专项安全生产、环境保护教育计划。

3.2 根据搬迁计划，应进行安全生产、环境保护风险危害识别，组织工程技术人员和相关专家确定管控措施和处置方法，制定相应的专项搬迁安全生产、环境保护方案。

3.3 根据搬迁计划，搬迁单位应预先部署：

（1）宣贯搬迁方案，明确搬迁要求。

（2）落实专管人员。

（3）开展安全生产、环境保护教育培训。

（4）开展应急演练。

（5）实行安全、环境交底。

4 风险管控

4.1 应加强隐患排查治理，发现隐患立即整改。

4.2 应实行领导现场带班制度。

4.3 应统筹安排搬迁与生产作业，避免交叉作业。

4.4 不具备安全生产条件，立即停止生产作业。

4.5 应加强对相关方的资质把关。

4.6 涉及危险作业遵守《危险作业安全管理》，应取得作业许可，同时定点、定时、定人加强管控。

5 应急管理

搬迁单位要全面实施应急管理，做好风险评估，编制应急处置方案，组织应急演练和培训，督促现场操作人员掌握相关知识，确保出现异常情况后在第一时间内进行有效处置。

6 交接

6.1 搬迁工作完成后，应组织专班留守，对现场进行全面清场，做到"断电、断水、断气"和"洞有盖、坑有栏"；组织人员进行厂区安全生产、环境保护验收。

6.2 搬迁单位厂区移交相关单位时，应与接收单位共同对厂区危险有害因素进行再次识别，对危险因素实行有效控制，在此基础上与接收单位签订安全生产、环境保护交接协议和安全生产、环境保护交接清单。

7 方案报送

7.1 搬迁单位应及时将搬迁计划、搬迁安全生产、环境保护方案报送上级公司，并同时报送集团安全生产、环境保护职能部门。

7.2 搬迁单位应及时将搬迁工作进展情况向上级公司和集团安全生产、环境保护职能部门反馈，确保信息畅通。

7.6 特种作业及特种设备作业安全管理实施细则

7.6.1 概述

7.6.1.1 目的

为加强对特种作业的安全管理，防止发生各类事故，保障从业人员生命安全，特制定本制度。

7.6.1.2 适用范围及有效性

本制度适用于上海电气集团股份有限公司及下属单位，上海电气（集团）总公司及下属单位参照执行。

7.6.1.3 缩写和定义

7.6.1.3.1 特种作业

是指容易发生事故，对操作者本人、他人的安全健康及设备、设施的安全可能造成重大危害的作业。

7.6.1.3.2 特种设备作业

是指锅炉、压力容器（含气瓶）、压力管道、电梯、起重机械、客运索道、大型游乐设施、场（厂）内专用机动车辆的作业。

7.6.1.3.3 特种作业人员

是指直接从事特种作业的人员。

7.6.1.3.4 特种设备作业人员

是指特种设备的作业人员及其相关管理人员。

7.6.1.4 本次调整内容

本制度在 2012 年发布的《特种作业安全管理制度》基础上进行格式调整，根据《中华人民共和国安全生产法》、《中华人民共和国特种设备安全法》、《上海市安全生产条例》、《特种设备作业人员监督管理办法》对内容进行修订。自本制度发布起，原《特种作业安全管理制度》废止。

7.6.2 职责和授权

责任主体	职责和授权
单位	负责特种作业人员的培训教育、体检等日常管理

7.6.3 文件主要内容

7.6.3.1 作业辨识

（1）单位安全生产、环境保护职能部门，应按照法律法规及集团相关要求，对本单位的特种作业和特种设备作业进行辨识和分类。

（2）单位各部门应建立特种作业和特种设备作业管理台账，并向安全生产、环境保护职能部门备案。

7.6.3.2 人员管理

（1）特种作业人员和特种设备作业人员应按照国家相关规定经专门的安全作业培训，取得相应资格，方可上岗作业。

（2）单位按照集团相关要求，加强特种作业人员和特种设备作业人员安全专业技术培训和管理，提高其实施特种作业和特种设备作业的安全技能。

（3）单位应指定专人为特种设备安全管理人员，负责特种设备及其作业人员的相关管理工作。特种设备安全管理人员应取得"特种设备作业人员证"。

7.6.3.3 作业过程管理

（1）单位应加强对特种作业和特种设备作业现场的管理。

（2）作业前应对作业现场和环境进行检查，确认安全后方可作业。

（3）作业时发现异常情况时，应立即停止作业，并迅速通知相关人员进行检查，确认安全后方可继续作业。

7.6.3.4 其他要求

单位应制定特种作业和特种设备作业的安全技术操作规程。

7.6.4 关联文件

制度文件名称	文件类型
特种设备安全管理实施细则	实施细则

7.6.5 附件

附件序号	标题	页数
1	特种作业的范围	3
2	特种设备作业种类与项目	3

附件1 特种作业的范围

1 电工作业

指对电气设备进行运行、维护、安装、检修、改造、施工、调试等作业（不含电力系统进网作业）。

1.1 高压电工作业

指对1千伏（kV）及以上的高压电气设备进行运行、维护、安装、检修、改造、施工、调试、试验及绝缘工、器具进行试验的作业。

1.2 低压电工作业

指对1千伏（kV）以下的低压电器设备进行安装、调试、运行操作、维护、检修、改造施工和试验的作业。

1.3 防爆电气作业

指对各种防爆电气设备进行安装、检修、维护的作业，适用于除煤矿井下以外的防爆电气作业。

2 焊接与热切割作业

指运用焊接或者热切割方法对材料进行加工的作业（不含《特种设备安全监察条例》规定的相关作业）。

2.1 熔化焊接与热切割作业

指使用局部加热的方法将连接处的金属或其他材料加热至熔化状态而完成焊接与切割的作业。

适用于气焊与气割、焊条电弧焊与碳弧气刨、埋弧焊、气体保护焊、等离子弧焊、电渣焊、电子束焊、激光焊、氧熔剂切割、激光切割、等离子切割等作业。

2.2 压力焊作业

指利用焊接时施加一定压力而完成的焊接作业。

适用于电阻焊、气压焊、爆炸焊、摩擦焊、冷压焊、超声波焊、锻焊等作业。

2.3 钎焊作业

指使用比母材熔点低的材料做钎料，将焊件和钎料加热到高于钎料熔点但低于母材熔点的温度，利用液态钎料润湿母材，填充接头间隙并与母材相互扩散而实现连接焊件的作业。

适用于火焰钎焊作业、电阻钎焊作业、感应钎焊作业、浸渍钎焊作业、炉中钎焊作业，不包括烙铁钎焊作业。

3 高处作业

坠落高度基准面2m以上（含2m），有坠落高处进行的作业均称为高处作业。

3.1 登高架设作业

指在高处从事脚手架、跨越架架设或拆除的作业。

3.2 高处安装、维护、拆除作业

指在高处从事安装、维护、拆除的作业。

适用于利用专用设备进行建筑物内外装饰、清洁、装修，电力、电信等线路架设，高处管道架设，小型空调高处安装、维修，各种设备设施与户外广告设施的安装、检修、维护以及在高处从事建筑物、设备设施拆除作业。

4 制冷与空调作业

指对大中型制冷与空调设备运行操作、安装与修理的作业。

4.1 制冷与空调设备运行操作作业

指对各类生产经营企业和事业等单位的大中型制冷与空调设备运行操作的作业。

适用于化工类（石化、化工、天然气液化、工艺性空调）生产企业，机械类（冷加工、冷处理、工艺性空调）生产企业，食品类（酿造、饮料、速冻或冷冻调理食品、工艺性空调）生产企业，农副产品加工类（屠宰及肉食品加工、水产加工、果蔬加工）生产企业，仓储类（冷库、速冻加工、制冰）生产经营企业，运输类（冷藏运输）经营企业，服务类（电信机房、体育场馆、建筑的集中空调）经营企业和事业等单位的大中型制冷与空调设备运行操作作业。

4.2 制冷与空调设备安装修理作业

指对4.1所指制冷与空调设备整机、部件及相关系统进行安装、调试与维修的作业。

5 安全生产行政主管部门认定的其他作业

附件2　特种设备作业种类与项目

序号	种类	作业项目	项目代号
1	特种设备相关管理	特种设备安全管理负责人	A1
		特种设备质量管理负责人	A2
		锅炉压力容器压力管道安全管理	A3
		电梯安全管理	A4
		起重机械安全管理	A5
		客运索道安全管理	A6
		大型游乐设施安全管理	A7
		场（厂）内专用机动车辆安全管理	A8
2	锅炉作业	一级锅炉司炉	G1
		二级锅炉司炉	G2
		三级锅炉司炉	G3
		一级锅炉水质处理	G4
		二级锅炉水质处理	G5
		锅炉能效作业	G6

序号	种类	作业项目	项目代号
3	压力容器作业	固定式压力容器操作	R1
		移动式压力容器充装	R2
		氧舱维护保养	R3
4	气瓶作业	永久气体气瓶充装	P1
		液化气体气瓶充装	P2
		溶解乙炔气瓶充装	P3
		液化石油气瓶充装	P4
		车用气瓶充装	P5
5	压力管道作业	压力管道巡检维护	D1
		带压封堵	D2
		带压密封	D3
6	电梯作业	电梯机械安装维修	T1
		电梯电气安装维修	T2
		电梯司机	T3
7	起重机械作业	起重机械安装维修	Q1
		起重机械电气安装维修	Q2
		起重机械指挥	Q3
		桥门式起重机司机	Q4
		塔式起重机司机	Q5
		门座式起重机司机	Q6
		缆索式起重机司机	Q7
		升降机司机	Q9
		机械式停车设备司机	Q10

序号	种类	作业项目	项目代号
8	场（厂）内专用机动车辆作业	车辆维修	N1
		叉车司机	N2
		内燃观光车司机	N4
		蓄电池观光车司机	N5
9	安全附件维修作业	安全阀校验	F1
		安全阀维修	F2
10	特种设备焊接作业	金属焊接操作	（注）
		非金属焊接操作	

注：1. 特种设备焊接作业（金属焊接操作和非金属焊接操作）人员代号按照《特种设备焊接操作人员考核细则》的规定执行。

2. 表中 A1、A2、A6、A7、G6、R3、D2、D3、S1、S2、S3、S4、Y1、F1、F2 项和金属焊接操作项目中的长输管道、非金属焊接操作项目的考试机构由国家质量监督检验检疫总局指定，其他项目的考试机构由省局指定。

7.7 危险化学品安全管理制度

7.7.1 概述

7.7.1.1 目的

为规范危险化学品管理，预防和控制危险化学品泄漏、火灾、中毒、爆炸等事故，特制定本制度。

7.7.1.2 适用范围及有效性

本制度适用于上海电气集团股份有限公司及下属单位，上海电气（集团）总公司及下属单位参照执行。

7.7.1.3 缩写和定义

危险化学品

是指具有毒害、腐蚀、爆炸、燃烧、助燃等性质，对人体、设施、环境具有危害的剧毒化学品和其他化学品。

7.7.1.4 本次调整内容

本制度在 2012 年发布的《危险化学品安全管理制度》基础上进行格式调整，根据《中华人民共和国安全生产法》、《上海市安全生产条例》对内容进行修订。自本制度发布起，原《危险化学品安全管理制度》废止。

7.7.2 职责和授权

责任主体	职责和授权
单位	负责危险化学品的采购、生产、使用、储存及处置等过程管控

7.7.3 文件主要内容

7.7.3.1 总体要求

（1）单位应建立健全危险化学品在采购、运输、储存、使用等方面的安全管理规章制度和安全操作规程，严格遵照执行，并定期开展安全检查，保证危险化学品的安全使用。

（2）凡从事危险化学品采购、运输、储存、使用的人员，应经过相关安全培训，并考核合格后（需要取得从业资格的，应申请并取得资格），方可上岗作业。

（3）生产、储存危险化学品的单位，应委托具备国家规定资质条件的机构，对本单位的安全生产条件每 3 年进行一次安全评价，编制安全评价报告。安全评价报告的内容应包括安全生产条件问题整改方案。

（4）使用危险化学品从事生产的单位应在作业储存场所设置警示标识和图示，对作业场所的平面布局以及安全责任、操作规范、作业危险性、应急措施等事项进行告知。

（5）相关作业人员在危险化学品储存、使用等地点应能获得相对应的化学品安全说明书（MSDS）。

（6）在生产车间和储存库区配备专职安全生产管理人员，在作业班组配备兼职安全生产管理人员。

7.7.3.2 采购

（1）单位采购部门应会同相关部门建立《企业危险化学品采购总清单》；在采购未列入的危险化学品时，应进行审批登记。

（2）危险化学品的采购应从取得危险化学品生产许可证或者经营许可证的企业或供应商处采购。

（3）购买剧毒化学品时，应办理相关凭证，履行报备手续。

7.7.3.3 运输

（1）危险化学品的运输应委托取得危险货物道路运输许可的企业承运，并在签订的合同中明确安全责任。

（2）不符合安全条件的危险化学品运输车辆，禁止其进入厂区或库区。

7.7.3.4 储存

（1）危险化学品应储存在专用仓库、专用场地或者专用储存室（以下统称专用仓库）内，并应由当地安全生产行政主管部门进行安全条件审查，储存方式、方法、数量应符合安全生产相关法规标准。

（2）危险化学品专用仓库应符合国家标准、行业标准的要求，设置明显的标志，并由专人管理、定期检测。剧毒化学品、易制爆危险化学品应在专用仓库内单独存放，并按照国家相关规定设置相应的技术防范设施。

（3）危险化学品出入库应进行核查登记。

（4）危险化学品仓库管理人员和操作人员应持证上岗，规范操作。

（5）对储存、使用剧毒化学品的场所每年应进行一次安全评价，储存其他危险化学品的场所应每两年进行一次安全评价。

（6）危险化学品储存数量构成重大危险源的，应执行相关重大危险源安全管理的相关规定。

7.7.3.5 使用

（1）选用危险化学品时，应尽量选用危险性低的危险化学品或替代品。严禁使用国家禁止使用的危险化学品。

（2）单位使用危险化学品的车间或班组应建立"危险化学品使用清单"，且每年更新一次。

（3）使用点的危险化学品存放量禁止超过当班的使用量。

7.7.3.6 处置

危险化学品处置，按照《固体废弃物管理实施细则》相关要求执行。

7.7.4 关联文件

制度文件名称	文件类型
固体废弃物管理实施细则	实施细则

7.7.5 附件

无。

7.8 液氨使用安全管理实施细则

7.8.1 概述

7.8.1.1 目的

为保证使用液氨的安全，预防液氨事故的发生，保障从业人员身体健康，特制定本制度。

7.8.1.2 适用范围及有效性

本制度适用于上海电气集团股份有限公司及下属单位，上海电气（集团）总公司及下属单位参照执行。

7.8.1.3 缩写和定义

液氨

是指氨气或液态氨。

7.8.1.4 本次调整内容

本版本为初始版本，根据《中华人民共和国安全生产法》、《危险化学品安全管理条例》等相关要求编制。

7.8.2 职责和授权

责任主体	职责和授权
集团	负责提出液氨作业安全管理要求，实施管理监督
单位	负责液氨作业落实措施、监督检查

7.8.3 文件主要内容

7.8.3.1 人员管理

（1）各使用单位应明确安全生产职能部门，配备专职或兼职安全生产管理人员。

（2）各使用单位主要负责人、安全生产管理人员应取得安全生产行政主管部门颁发的危险化学品生产或经营单位主要负责人和安全生产管理人员安全资格证书。

（3）从业人员除经过三级安全教育外，还应接受相关预防和处置液氨泄漏、中毒、火灾、爆炸等安全知识培训。

（4）特种作业人员应按照国家相关规定经专门安全作业培训，取得相应资格，方可上岗作业。

7.8.3.2 制度管理

（1）各使用单位应建立健全液氨使用安全管理制度和安全操作规程，定期评审；环境、工艺、设备发生重大变更时，应及时修订。

（2）各使用单位应制定液氨泄漏事故专项应急救援预案。

7.8.3.3 设备设施管理

（1）各使用单位应建立液氨设备、管道及安全附件的管理档案，并定期进行校验，校验合格后方可使用。

（2）所有电气设备均应选用相应等级的防爆电气设备。

（3）液氨设备和管道应进行静电接地。

7.8.3.4 安全卫生防护设施管理

（1）各使用单位应规范液氨安全防护用品管理，作业现场应配置过滤式防毒面具、空气呼吸器、隔离式防护服、化学安全防护眼镜、防酸碱腐蚀的专用手套等防护用具和急救药品。

（2）液氨作业场所应按规定设置喷淋装置、消防器材、冲淋洗眼器、固定式或便携式氨检测报警仪及应急通信器材等安全卫生设施，以及醒目的安全警示标志和安全告知牌、风向标，并定期监测、检验，确保完好。

（3）氨气浓度检测报警仪器应与事故排风机自动开启联动，事故排风按钮设置在机房门外侧或控制室。

（4）氨制冷系统应装设紧急泄氨器，在紧急情况下，应将系统中的氨液溶于水中（1kg/min 的氨至少应提供 17L/min 的水），排至经相关部门批准的贮罐、水池。

7.8.3.5 应急救援

（1）使用单位应定期组织应急演练。

（2）发生液氨泄漏事故后，应立即启动专项应急预案，并上报。

7.8.4 关联文件

制度文件名称	文件类型
危险化学品安全管理制度	实施细则
液氨使用（储存）单位安全检查表	表单

7.8.5 附件

无。

表单 液氨使用（储存）单位安全检查表

安全管理检查表

序号	检查内容	检查结果	人员签字
1	主要负责人是否取得有效安全资格证书		
2	安全管理人员是否取得安全资格证书		
3	是否建立有安全生产责任制		
4	是否有健全的安全教育制度		

续 表

序号	检查内容	检查结果	人员签字
5	是否有健全的安全培训制度		
6	是否有防火防爆防中毒制度		
7	是否有完善的采购管理制度		
8	是否建立有危险化学生产安全交接班制度		
9	是否有定期安全检查管理制度		
10	是否有节假日安全检查管理制度		
11	是否有安全生产技术操作规程		
12	是否有符合国家标准《易燃易爆性商品储藏养护技术条件》的相关管理制度		
13	使用、储存装置是否进行了相应的安全评价		
14	是否将重大危险源及有关安全管理措施、应急措施报相关安全生产行政主管部门备案		

安全管理组织机构检查表

序号	检查的内容	检查结果	人员签字
1	是否成立有安全管理机构或组织		
2	是否配备专职安全管理人员		
3	是否建立有完善的消防组织及职责		
4	是否有灭火和防液氨泄漏及中毒预案		
5	是否开展液氨泄漏及消防演练		
6	是否有供对外报警、联络的通信设备		

从业人员安全检查表

序号	检查的内容	检查结果	人员签字
1	新入厂职工是否进行"三级"教育		
2	作业人员是否经过培训并取证		
3	对工作人员是否进行液氨泄漏及中毒事故处理和急救、消防知识的培训和教育		
4	是否正确穿戴劳动防护用品		
5	从业人员是否持证上岗		

现场安全设施检查表

序号	检查的内容	检查结果	人员签字
1	对少于 5 颗螺栓的法兰是否进行了防静电跨接并检测合格		
2	是否设置了防雷设施，并通过检测合格		
3	液氨储罐安全附件是否齐全，并检测合格（压力表、安全阀、液位报警仪等）		
4	储罐区是否设置了防泄漏堤及喷淋设施		
5	是否有安全卫生防护措施		
6	作业现场是否配备了劳动防护用品及应急装备（空气呼吸器或防毒面具）		
7	储罐和管道是否经过了技术监督局检测		
8	作业现场在不同方向是否设置两个安全疏散通道		
9	是否设置防晒设施		
10	现场通风是否良好，工艺放空是否高出室外		
11	消防水栓及开花喷雾水枪等消防器材是否满足要求		
12	是否设置可燃、有毒气体浓度报警检测仪		
13	储存区是否有氧化剂		
14	现场电气设施是否为防爆电器		
15	是否建有清净下水池		
16	是否达到规范规定的耐火等级		
17	液氨使用和储存场所须有告知牌和明显的警示标志		
18	每台液氨机组控制台是否装设紧急停车按钮和阻断制动装置，室内照明是否选用防爆灯具，工房内是否设立了防爆型排风机，动力设备是否有安全防护设施		
19	是否构成了重大危险源		

储罐与建筑之间的距离是否满足下列要求

名称	储罐的总容积 V（m³）		
	V≤100	100<V≤1000	V>1000
甲类/乙类/丙类场所	40/35/30	50/45/40	60/55/50
明火或散发火花的地点	40	50	60
重要公共设施	45	60	70

注：装置区距离建筑物的安全距离，按《石油化工防火设计规范》生产装置规定要求执行。

7.9 危险作业安全管理制度

7.9.1 概述

7.9.1.1 目的

为加强危险作业安全生产、环境保护管理，减少和防范安全生产、环境保护事故，保障人身安全，特制定本制度。

7.9.1.2 适用范围及有效性

本制度适用于上海电气集团股份有限公司及下属单位，上海电气（集团）总公司及下属单位参照执行。

7.9.1.3 缩写和定义

危险作业

是指在安装、生产、工作中具有较高危险性，可能对从业人员造成人身伤害或导致重大事故发生的作业。主要包括：高处作业、带电作业、临时用电、危险场所动火作业、有毒有害及受限空间作业、大型设备（构件）吊装作业、危险装置设备试生产、重大危险源作业、交叉作业、放射性作业、断路作业、破土作业、盲板抽堵作业、爆破作业和其他危险作业。各项作业的具体范围见各专项安全生产、环境保护管理制度。

7.9.1.4 本次调整内容

本制度在 2012 年发布的《危险作业安全管理（审批）制度》基础上进行格式调整，根据《中华人民共和国安全生产法》、《中华人民共和国职业病防治法》、《上海市安全生产条例》、《国务院关于进一步加强企业安全生产工作的通知》、《劳动密集型加工企业安全生产八条规定》对内容进行修订。自本制度发布起，原《危险作业安全管理（审批）制度》废止。

7.9.2 职责和授权

责任主体	职责和授权
集团	负责提出危险作业安全管理要求，实施管理监督
单位	负责危险作业审批、落实措施、监督检查

7.9.3 文件主要内容

7.9.3.1 总体要求

（1）危险作业实行"谁组织生产，谁落实安全生产、环境保护措施"、"按批准权限由相关负责人现场带班"的原则。

（2）危险作业应填写"危险作业审批表"，履行相关审批程序后方可作业（特殊情况除外）；超过审批期限的，应重新履行审批程序。

（3）有专项安全生产、环境保护管理制度的危险作业，在满足本制度通用要求基础上，执行专项作业审批程序和相关要求。

7.9.3.2 危害识别

（1）作业前，应针对作业内容进行危险源、环境因素识别，制定相应的作业程序及安全生产、环境保护措施。

（2）安全生产、环境保护措施应填入相应的"危险作业审批表"。

7.9.3.3 审批及实施程序

（1）作业单位负责人持作业任务单，到相关部门办理危险作业审批手续。

（2）相关部门对作业程序和安全生产、环境保护措施进行现场核查后，符合条件的，由相关人员签发"危险作业审批表"。

（3）作业单位负责人应向作业人员进行作业程序和安全生产、环境保护措施的交底。必要时，相关部门应安排专人进行现场统一指挥，由专职安全生产、环境保护生产管理人员实施现场监护。

（4）危险作业完工后，由相关负责人签字确认关闭。

7.9.3.4 安全生产、环境保护措施

（1）按批准权限由相关负责人现场带班。

（2）相关负责人在作业前对作业人员进行必要的安全生产、环境保护教育，并告知风险控制措施。

（3）制定简要的现场事故应急方案。

（4）围设作业区域，设立警示标志。

（5）配备必要的检测仪器、防护设备设施、应急装备及用品等。

（6）配备相应的劳动防护用品。

（7）其他安全生产、环境保护措施。

7.9.3.5 作业人员要求及职责

（1）特种作业人员和特种设备作业人员，应持有效证书上岗。其他作业人员应至少从事本岗位作业 1 年以上。

（2）持有经审批同意、有效的"危险作业审批表"方可施工作业。

（3）熟知危险作业的危害因素、作业安全生产、环境保护措施及应急处置要求。

（4）服从现场监督人员统一指挥；对于违反相关制度要求强令作业的，有权拒绝作业。

（5）在发现异常情况时，按照应急预案采取应对措施。

7.9.3.6 作业监护人员要求及职责

（1）有监护资格要求的作业，监护人员应取得相关资格证。

（2）监护人员应了解相关区域或岗位的生产过程，熟悉工艺操作和设备状况；应有较强的责任心，出现问题能正确处理；具备处理对突发事故的能力。

（3）监护人员在接到"危险作业审批表"后，逐项检查落实作业安全生产、环境保护措施；认真检查作业现场情况；发现异常情况应及时采取措施；应佩戴明显标志，且作业过程中不应离开现场。

（4）发现违规情况时，有权要求停止作业；作业人员不听劝阻的，应

立即报告相关领导。

7.9.3.7 审批表管理

（1）"危险作业审批表"禁止随意涂改，禁止代签，应妥善保管。

（2）单位和相关部门应按照相关要求，对"危险作业审批表"进行留档备查，保存期限为3年。

7.9.3.8 危险作业注意事项

（1）同一场所同一时段内，涉及两种及以上危险作业的，应同时办理相应的危险作业审批手续。

（2）当危险作业涉及多个单元和多个作业单位时，应重点关注多种危害并存的风险。项目负责单位应组织相关部门及作业单位召开专题会议，进行危险性分析，共同审定安全生产、环境保护防范措施，编制相对应的应急预案，明确落实措施实施及安全监护的责任单位和责任人。

（3）大型设备（构件）吊装作业、危险装置设备试生产、重大危险源作业等应编制专项作业方案和安全生产、环境保护措施方案，项目负责单位应召开审核会议，审批通过后方可实施。

7.9.3.9 委托开展危险作业的管理

（1）单位委托其他有专业资质的单位进行危险作业的，应在作业前与受托方签订安全生产、环境保护管理协议。

（2）单位应加强受托方现场作业协调管理，并进行现场监督、核查，受托方应服从委托方的统一指挥和调度。

7.9.4 关联文件

制度文件名称	文件类型
危险作业审批表	表单

7.9.5 附件

无。

表单　危险作业审批表

申请部门		现场负责人	
作业地点		作业日期	

作业简要内容：

作业人员姓名及证书编号：	现场指挥监护人：	身体状况：

防护措施：	申请部门主管意见：
	作业场所主管意见：

主管副总经理审批意见：	安全生产、环境保护职能部门审批意见：

7.10 起重吊装作业安全管理实施细则

7.10.1 概述

7.10.1.1 目的

为规范单位起重吊装作业过程的安全管理，预防起重伤害事故的发生，特制定本制度。

7.10.1.2 适用范围及有效性

本制度适用于上海电气集团股份有限公司及下属单位，上海电气（集团）总公司及下属单位参照执行。

7.10.1.3 缩写和定义

起重吊装作业

是指使用桥式起重机、门式起重机、塔式起重机、汽车吊、升降机等起吊设备进行的作业。

7.10.1.4 本次调整内容

本制度在 2012 年发布的《起重吊装作业安全管理制度》基础上进行格式调整，根据《中华人民共和国安全生产法》、《中华人民共和国特种设备安全法》、《上海市安全生产条例》、《特种设备安全监察条例》、《特种设备作业人员监督管理办法》对内容进行修订。自本制度发布起，原《起重吊装作业安全管理制度》废止。

7.10.2 职责和授权

责任主体	职责和授权
集团	负责提出起重吊装作业安全管理要求，实施管理监督
单位	负责起重吊装作业审批、落实措施、监督检查

7.10.3 文件主要内容

7.10.3.1 总体要求

（1）吊篮作业、吊装质量大于等于40t的重物、吊装土建工程主体结构的作业，作业单位应编制吊装作业安全技术方案（包括施工安全措施、事故应急措施和救援预案）。吊装质量虽不足40t，但形状复杂、刚度小、长径比大、精密贵重，以及在特殊的作业条件情况下，作业单位也应编制吊装作业安全技术方案。

（2）在吊装作业前，施工单位安全管理人员应向作业人员进行安全交底，施工单位技术人员也应向作业人员进行技术交底。交底记录由作业单位存档。

（3）利用两台或多台起重机吊运同一重物时，升降、运行应保持同步；各台起重机所承受的载荷禁止超过各自额定起重能力的75%。

（4）夜间吊装作业，要有足够的照明。遇到大雪、暴雨、大雾、六级（含六级）以上大风等恶劣天气时，禁止从事室外吊装作业。

（5）起重吊装作业人员（起重机司机、指挥人员、司索人员）及其相关管理人员，应按照国家相关规定经特种设备安全生产行政主管部门考核合格，取得国家统一格式的特种作业人员证书，方可从事相应的作业或者管理工作。

（6）起重吊装作业人员在作业中应严格执行特种设备的操作规程和相关的安全规章制度。

（7）起重吊装作业应由相关负责人现场带班，确定专人进行现场作业的统一指挥，由专职安全生产管理人员进行现场安全检查和监督。

7.10.3.2 作业人员基本要求

7.10.3.2.1 指挥人员

（1）应按规定的指挥信号进行指挥。

（2）及时纠正对吊索或吊具的错误选择。

（3）指挥吊运、下放吊钩或吊物时，应确保作业人员、设备的安全。

（4）对可能出现的危险，应立即向现场安全管理负责人报告，并及时采取必要的防范措施。

7.10.3.2.2 起重操作人员

（1）应按指挥人员所发出的指挥信号进行操作。对紧急停车信号，不论任何人发出，均应立即执行。

（2）当起重臂、吊钩或吊物下有人，吊物上有人或浮置物时，禁止进行起重操作。

（3）严禁使用吊装机具起吊超载、重量不清的物品、埋置物件。

（4）在制动器、安全装置失灵、吊钩螺母防松装置损坏、钢丝绳损伤达到报废标准等情况下，禁止起重吊装作业。

（5）吊物捆绑、吊挂不牢或不平衡，吊物棱角与钢丝绳之间未加衬垫时，禁止进行起重吊装操作。

（6）无法看清场地、吊物情况和指挥信号时，禁止进行起重吊装操作。

（7）吊装机具及其臂架、吊具、辅具、钢丝绳、缆风绳和吊物不应靠近输电线路。必须在输电线路近旁作业时，应按规定保持足够的安全距离，不能满足时，应停电后再进行起重作业。

（8）在停工或休息时，禁止将吊物、吊篮、吊具和吊索悬在空中。

（9）在起重吊装工作时，禁止对吊装机具进行检查和检修。禁止在有载荷的情况下调整起升机构、变幅机构的制动器。

（10）下放吊物时，严禁自由下落（溜）；禁止利用极限位置限制器停车。

7.10.3.2.3 司索人员

（1）听从指挥人员的指挥，发现险情及时报告。

（2）根据重物的具体情况选择合适的吊具与吊索。不准用吊钩直接缠绕重物，禁止将不同种类或不同规格的吊索、吊具混在一起使用。吊具承载禁止超过额定起重量，吊索禁止超过安全负荷。起升吊物，应检查其连接点是否牢固、可靠。

（3）吊物捆绑应牢靠，吊点和吊物的重心应在同一垂直线；捆绑余下的绳头，应紧绕在吊钩或吊物之上。多人绑挂时，应由一人负责指挥。

（4）吊挂重物时，起吊绳、链所经过的棱角处应加衬垫。吊运零散的物件时，应使用专门的吊篮、吊斗等器具。

（5）禁止绑挂、起吊不明重量、与其他重物相连、埋在地下或与地面和其他物体冻结在一起的重物。

（6）禁止人员随吊物起吊或在吊钩、吊物下停留。因特殊情况进入悬吊物下方时，应事先与指挥人员和起重机司机（起重操作人员）联系，并设置支撑装置，禁止停留在起重机运行轨道上。

（7）人员与吊物应保持一定的安全距离，放置吊物就位时，应用拉绳或撑竿、钩子辅助就位。

7.10.3.3 报批

以下作业应办理大型构件起重吊装作业审批手续：

（1）起重吊装质量大于 10t。

（2）使用汽车式起重机、履带式起重机、轮胎式起重机。

（3）有吊装作业安全技术方案的。

（4）单位规定的其他情形。

7.10.3.4 作业前安全要求

（1）对起重机械、安全附件、安全保护装置和吊具进行安全检查确认，并做好记录，确保处于完好状态。

（2）对安全措施落实情况进行确认。

（3）对吊装区域内的安全状况进行检查（包括吊装区域的规划、标识、障碍）。

（4）核实天气情况。

（5）需要办理大型构件起重吊装作业审批手续的，是否已经办理。

（6）对作业人员的个人防护用品穿戴进行确认。

7.10.3.5 作业中安全要求

（1）起重吊装作业前，应预先在起重作业现场设置安全作业区域和悬挂安全警示标志并设专人监护，非作业人员禁止入内。

（2）吊装作业过程中应分工明确、坚守岗位，按《起重吊运指挥信号》（GB5082-1985）规定的联络信号，统一指挥。指挥人员应佩戴鲜明的标志或特殊颜色安全帽。

（3）指挥人员应按规定的指挥信号进行指挥，其他作业人员应清楚吊装方案和指挥信号。

（4）指挥人员应站在司机能看清指挥信号的安全位置上，当指挥人员不能同时看清司机和负载时，应增设中间指挥人员，以便逐级传递信号。

（5）指挥人员应严格执行吊装方案，发现问题应及时与方案编制人协商解决。

（6）正式起吊前要进行试吊，试吊中要检查全部机具、地锚受力情况，发现问题要将吊件放下，故障排除后，重新试吊，确认一切正常方可正式吊装。

（7）吊装过程中出现故障，应立即向指挥人员和现场安全管理人员或负责人汇报，没有指挥命令，任何人禁止擅自离开岗位。

（8）起吊重物就位前，不许解开吊装锁具。

7.10.3.6 作业后安全要求

（1）将吊钩和起重臂收放到规定的稳妥位置，所有控制手柄均应放到零位。对使用电气控制的起重机械，应将总电源开关断开。

（2）在轨道上作业起重机，应将起重机停放在指定位置，并有效锚定。

（3）将吊索、吊具收回放置于规定地方，并对其进行检查、维护、保养。

（4）对接替工作人员，应告知设备、设施存在的异常情况及尚未消除的故障。

（5）对起重机械进行维护保养时，应切断主电源并挂上标示牌或加锁。

（6）在起重吊装作业完成后，应办理相关关闭手续。

7.10.4 关联文件

制度文件名称	文件类型
危险作业安全管理	制度
大型构件起重吊装作业审批表	表单

7.10.5 附件

无。

表单　大型构件起重吊装作业审批表

申请部门		现场负责人	
作业地点		作业日期	

作业简要内容：

作业人员姓名及证书编号：	现场指挥监护人：	身体状况：

防护措施：	申请部门主管意见：
	作业场所主管意见：

主管副总经理审批意见：	安全生产、环境保护职能部门审批意见：

7.11 高处作业安全管理实施细则

7.11.1 概述

7.11.1.1 目的

为规范单位高处作业过程的安全管理，预防和减少高处坠落事故的发生，特制定本制度。

7.11.1.2 适用范围及有效性

本制度适用于上海电气集团股份有限公司及下属单位，上海电气（集团）总公司及下属单位参照执行。

7.11.1.3 缩写和定义

高处作业

是指在距坠落高度基准面 2m 或 2m 以上有可能坠落的高处进行的作业。

7.11.1.4 本次调整内容

本制度在 2012 年发布的《高处作业安全管理制度》基础上进行格式调整，根据《中华人民共和国安全生产法》、《上海市安全生产条例》、《高处作业分级》对内容进行修订。自本制度发布起，原《高处作业安全管理制度》废止。

7.11.2 职责和授权

责任主体	职责和授权
集团	负责提出高处作业安全管理要求，实施管理监督
单位	负责高处作业审批、落实措施、监督检查

7.11.3 文件主要内容

7.11.3.1 总体要求

（1）单位应建立健全高处作业安全管理制度，落实培训、审批、检查等措施，确保作业安全。

（2）高处作业分为以下四级：

①一级高处作业为 2~5m（含 5m）。

②二级高处作业为 5~15m（含 15m）。

③三级高处作业为 15~30m（含 30m）。

④特级高处作业为 30m 以上。

7.11.3.2 作业人员基本要求

（1）高处作业人员应参加相关专业培训，考核合格，并取得相应的特种作业人员资格证。

（2）高处作业人员应定期进行体检。凡患有高血压、心脏病、贫血症、癫痫、精神病、严重关节炎、肢体残疾以及其他禁忌高处作业的人员，禁止从事高处作业。酒后或服用嗜睡、兴奋等药物或身体不适时，禁止从事高处作业。

7.11.3.3 报批

（1）高处作业实行作业许可管理。高处作业前，提出作业许可申请。

（2）一级高处作业，由车间（处、室）领导审批后，报安全生产职能部门备案。

（3）二级高处作业，由车间（处、室）领导审查同意后，由安全生产职能部门审批。

（4）三级高处作业以及特级高处作业，须经车间（处、室）和安全生产职能部门领导审查、报经主管副总经理批准。

（5）审批许可的作业期限，一般不超过 5 天。

（6）单位如有特殊要求，不应低于以上审批要求。

（7）安全生产职能部门对提出申请的高处作业现场内作业人员、作业高度、作业防护措施、应急措施等进行现场检查核证，提出安全监护和安全防护的具体要求；对存在的问题督促部门落实整改，整改不合格的，禁止作业。

（8）有批准权限的领导或授权人，应在高处作业开始后，进入现场进行带班。

7.11.3.4 作业前安全要求

（1）作业前，应认真检查所用的安全设施是否坚固、牢靠。

（2）夜间高处作业时，应有充足的照明。

（3）应对高处作业人员进行针对性的安全教育，制定相应的作业程序、安全措施和应急预案。

7.11.3.5 作业中安全要求

（1）高处作业人员应系用与作业内容相适应的安全带，戴好安全帽，佩戴好其他劳动防护用品。安全带应系挂在施工作业上方的牢固构件上，禁止系挂在有尖锐棱角的部位。安全带系挂下方应有足够的净空。安全带应高挂（系）低用；对特殊区域不能系挂安全带的，应设置符合要求的生命线；相关高处作业区域应按要求设置安全网。

（2）高处作业应使用合格的脚手杆、吊架、梯子、脚手板、防护围栏、挡脚板和安全带等。

（3）高处作业人员上下使用的梯道、电梯、吊笼等应完好，高处作业人员上下时应有可靠的安全措施。

（4）高处作业应设立安全区域，设置明显的安全警示牌。禁止上下垂直进行高处作业，如需分层进行作业，中间应有隔离措施。特级高处作业与地面联系应设有相应的通讯装置。

（5）严禁上下投掷工具、材料和杂物等，所用材料要堆放平稳，作业点下方要设安全警戒区；工具在使用时应系有安全绳，不用时应将工具放入工具套（袋）内。

（6）高处作业施工现场应设专人监护。

7.11.3.6 作业后安全要求

（1）高处作业完工后，作业现场应打扫干净，作业用的工具、拆卸下的物件、余料和废料应及时清理运走；脚手架、防护棚拆除时，应设警戒区，并设专人监护。拆除脚手架、防护棚时，禁止上部和下部同时施工。

（2）高处作业完工后，应办理高处作业许可证的关闭手续。

7.11.3.7 其他要求

（1）高处作业人员禁止在没有防护设施的外墙和外壁板等建筑物上行走，禁止站在不牢固的结构物（如石棉瓦、木板条等）上进行作业，禁止坐在平台、孔洞边缘和躺在通道或安全网内休息。

（2）邻近地区设有排放有毒、有害气体及粉尘超出允许浓度的烟囱及设备的场合，严禁进行高处作业。在允许浓度范围内时，应采取有效防护措施。

（3）遇有不适宜高处作业的恶劣气象（如五级风以上、雷电、大雾等）条件时，严禁露天高处作业。在应急状态下，按应急预案执行。

7.11.4 关联文件

制度文件名称	文件类型
危险作业安全管理	制度
高处作业审批表	表单

7.11.5 附件

无。

表单　高处作业审批表

申请部门		作业地点	
施工日期			
高处作业级别	□一级　　□二级	□三级	□特级

作业简要内容：

高处作业人员姓名及证书编号：	现场指挥监护人：	身体状况：
防护措施：		申请部门主管意见：
		作业场所主管意见：

主管副总经理审批意见：	安全生产、环境保护职能部门审批意见：

7.12 临时用电作业安全管理实施细则

7.12.1 概述

7.12.1.1 目的

为加强生产（施工）现场临时用电及安全技术管理，保障施工现场用电安全，防止发生触电事故，特制定本制度。

7.12.1.2 适用范围及有效性

本制度适用于上海电气集团股份有限公司及下属单位，上海电气（集团）总公司及下属单位参照执行。

7.12.1.3 缩写和定义

临时用电

是指生产（施工）现场在作业过程中使用的电力，也是用电系统的简称。

7.12.1.4 本次调整内容

本制度在 2012 年发布的《电气作业安全管理制度》基础上进行格式调整，根据《中华人民共和国安全生产法》、《上海市安全生产条例》、《电力安全工作规程》、《用电安全导则》、《低压用户电气装置规程》、《严防企业粉尘爆炸五条规定》、《劳动密集型加工企业安全生产八条规定》、《油气罐区防火防爆十条规定》等相关要求对内容进行修订。自本制度发布起，原《电气作业安全管理制度》废止。

7.12.2 职责和授权

责任主体	职责和授权
集团	负责提出电气作业安全管理要求，实施管理监督
单位	负责电气作业审批、落实措施、监督检查

7.12.3 文件主要内容

7.12.3.1 总体要求

（1）电气作业应严格执行《用电安全导则》等标准的相关要求。电气作业过程中应按标准选用、安装电气设备设施，规范敷设电气线路，禁止私搭乱接、超负荷运行。

（2）电气作业过程中应按规范使用防爆电气设备，落实防雷、防静电等措施，保证设备设施接地，禁止作业场所存在各类明火和违规使用作业工具。

（3）禁止在油气罐区等易燃易爆场所使用非防爆照明、电气设施、工器具和电子器材。易燃易爆场所严禁装接临时线路。

（4）电气作业人员应取得相应的特种作业人员资格证。

（5）有监护要求的电气作业，作业人员应不少于2人，并指定专人监护。

（6）电气作业人员应根据作业要求正确穿戴劳动防护用品。

（7）涉及其他危险作业的应办理其他审批手续。

7.12.3.2 报批、期限

（1）临时用电作业，应办理"临时用电作业审批"。

（2）临时用电线路使用期限一般为15天，如需继续使用，应办理延续申请手续，延续使用时间禁止超过3个月。

（3）基建施工的临时线路，以施工周期为限。

（4）在产品试车台装接的临时线路，以单台产品的试车周期为限。

7.12.3.3 作业中安全要求

（1）临时用电设备和线路应按供电电压等级和容量正确使用，所用的电气元件应符合国家规范标准要求，临时用电电源施工、安装应严格执行电气施工安装规范。

（2）对现场临时用电配电盘、箱应有编号，应有防雨措施，盘、箱、门应能牢靠关闭。

（3）行灯电压禁止超过24V，在特别潮湿的场所或塔、釜、槽、罐等金属设备作业装设的临时照明行灯电压禁止超过12V。

（4）在生产现场将移动设备及工具电源线（含接线板）跨越通道时，也视为临时线。

（5）临时用电设施，应安装符合规范要求的剩余电流保护装置，移动工具、手持式电动工具应"一机一闸一保护"。

（6）配送电单位应进行每天两次的巡回检查，建立检查记录和隐患问题处理通知单，确保临时供电设施完好。对存在重大隐患和发生威胁安全的紧急情况时，配送电单位有权紧急停电处理。

（7）临时用电单位应严格遵守临时用电规定，禁止变更地点和工作内容，禁止任意增加用电负荷，禁止私自向其他单位转供电。

7.12.3.4 临时线路装接

（1）装接临时线路前必须提出申请，并填写"临时用电线路装接申请单"，经单位设备动力部门、安全生产职能部门审核批准后，才能装接。

（2）临时线路必须由专业电工负责装接，按规范化、条理化施工，严禁乱拖乱拉。

（3）临时线路必须采用三芯或四芯、绝缘良好坚韧的橡皮包线，全线应完整无损，中间不准有接头。

（4）临时线路截面必须满足安全载流量、机械强度和电压损失的要求，铜导线截面积不得小于 $1.5mm^2$。

（5）临时线一般在动力开关箱或电气开关箱下桩处连接，如需在车间母线上或低压室连接，必须征得设备动力部门同意并委托设备动力部门装接。

（6）一条临时线路必须装有总开关控制和剩余电流保护装置，每一分路必须装设与负荷匹配的熔断器。

（7）在室外或潮湿场地装接临时线路，必须采用防雨、防潮措施。

（8）临时用电架空线应采用绝缘铜线。室内的临时线路离地高度禁止低于2.5m，室外的临时线路离地高度禁止低于4.5m，跨越道路的临时线路离地高度禁止低于6m。架空线应架设在专用电杆上，严格架设在树木和脚手架上。对地直埋敷设的电缆线线路应设有"走向标志"和"安全标志"。电缆埋深禁止小于0.7m，穿越公路时应加设防护套管。

7.12.3.5 施工现场的管理

（1）建筑施工现场临时线路的装接，除执行本标准第 3 条规定外，还应遵守法律法规及相关要求。

（2）建筑施工现场临时用电工程专用的电源中性点直接接地的 220/380V 三相四线制低压电力系统，应遵守法律法规及相关要求。

（3）必须采用 TN-S 方式供电（在整个施工现场的 PE 线上做不少于 3 处重复接地，重复接地电阻不大于 10Ω）。

（4）必须采用三级配电系统（总配电箱—分配电箱—开关箱，动力配电与照明配电应分别设置必须实行一机一闸制，严禁用一个开关直接控制两台及两台以上用电设备；分配电箱与开关箱的距离不得超过 30m，开关箱与用电设备的距离不宜超过 3m）。

（5）必须采用二级剩余电流保护装置，形成二道防线（二道防线：一是设置两级剩余电流保护系统，二是采用 TN-S 系统供电，专用 PE 线，二者形成了施工现场的防触电的二道防线）。

（6）施工现场不得架设裸导线。输电干线、分支线及设备电源线的绝缘必须符合规定要求，并不准固定在金属支架上。

（7）架空线的截面必须满足安全载流量、机械强度和电压损失的要求，铜导线截面积不得小于 $6mm^2$，铝导线截面积不得小于 $16mm^2$。

（8）施工现场配电箱必须符合下列要求：

①箱内开关、剩余电流保护装置、熔断器、插座等齐全完好。

②配线及设备排列整齐、压接牢固、操作面无带电体外露。

③总开关及各分路开关上端设熔断器。

④金属电箱外壳应接保护接零，电箱内应设工作接零及保护接零，零线不准有接头。

⑤动力和照明分开控制，动力应单独设置单相三眼不等距安全插座。

⑥门锁齐全，有防雨措施。

（9）各类插座、插头必须符合国家标准并保持完好。

7.12.3.6 临时用电施工组织设计

（1）施工现场用电设备在 5 台以上或设备总容量在 50kW 以上时，应编制用电组织设计。制定安全用电技术措施和电气防火、防雷措施。

（2）临时用电的安装图纸应经现场勘察，确定电源进线、变配电所、总配电箱、分配电箱的安装位置，线路走向及架设方式、负荷计算，选择变压器容量、导线截面、接地方式、保护方式、电器设备型号规格，绘制电气平面图、系统图、接线图等。

（3）临时用电工程必须定期检查，时间为：施工现场每月一次；单位每季度检查一次，并应复查接地电阻值。

7.12.3.7 外电线路防护

（1）在建工程不得在高、低压线路下方施工，高低压线路下方不得搭设作业棚，建造生活设施或堆放构件、架具、材料及其他杂物。在建工程（含脚手架具）的外侧边缘与外电架空线路的边线之间必须保持安全操作距离。最小安全操作距离应不小于表1所列数值。

表1　在建工程的外侧边缘与外电架空线路的边线之间的最小安全操作距离

外电线路电压	1kV 以下	1～10kV	35～110kV	154～220kV	330～500kV
最小安全操作距离（m）	4	6	8	10	15

（2）施工现场机动车道与外电架空线路交叉时，架空线路最低点与路面垂直距不小于表2所列数值。

表2　施工现场的机动车道与外电架空线路交叉时的最小垂直距离

外电线路电压	1kV 以下	1～10kV	35kV
最小垂直距离（m）	6	7	7

（3）施工现场起重机与架空线路边缘的最小安全距离，不小于表3所列数值。

表3　起重机与架空线路边线的最小安全距离

安全距离（m）	电压（kV）						
	<1	10	35	110	220	330	500
沿垂直方向	1.5	3.0	4.0	5.0	6.0	7.0	8.5
沿水平方向	1.5	2.0	3.5	4.0	6.0	7.0	8.5

（4）旋转臂架式起重机的任何部位或被吊物边缘与10kV以下的架空线路边线最小水平距离不得小于2m，施工现场开挖非热管道沟槽的边缘与

埋地外电缆沟槽边缘之间的距离不得小于 0.5m。

7.12.3.8 外电防护措施

在建工程与外电线路间达不到安全距离时，应在电气工程技术人员或专职安全人员负责监护下增设屏障、遮拦、围栏或保护网等防护措施，并悬挂醒目的警告标志牌。防护措施无法实现时，必须与有关部门协商，采取停电、迁移外电路或改变工程位置等措施，否则不得施工。外电架空线路附近开挖沟槽时，必须防止外电架空线路的电杆倾斜、悬倒，或会同有关部门采取加固措施，有静电的施工现场内，聚集在机械设备上的静电应采取接地泄漏措施。

7.12.3.9 拆除

（1）临时线路使用完毕必须立即拆除，做到拆得彻底，不留隐患。

（2）未经批准擅自装接的临时线路，设备动力专门人员、部门分管人员及安全生产职能部门检查人员有权责令装接部门立即拆除。

7.12.3.10 管理

（1）临时线路必须指定专人管理。

（2）遇有五级以上大风或大雪雷雨天气、汛期和台风季节，装接部门必须组织巡回检查，发现问题应及时切断临时线路电源。

（3）凡在母线上或低压室连接的临时线路，设备动力部门配电间凭"临时用电线路装接申请单"供电。

7.12.4 关联文件

制度文件名称	文件类型
危险作业安全管理	制度
临时用电线路装接申请单	表单

7.12.5 附件

无。

表单　临时用电线路装接申请单

编号：

申请部门		申请人	
临时线编号		装置容量	
使用班组		装接地址	
装接电工		管理人	
使用日期	自 20　年　月　日至 20　年　月　日		
使用说明：			
使用部门领导报批意见：			
设备动力部门审批意见： 　　签名：　　年　月　日		安全生产职能部门审批意见： 　　签名：　　年　月　日	
注意事项	1. 此单由申请人填写清楚。 2. 此单一式三份，经审核批准后，一份由设备动力部门留存，一份由安全生产职能部门留存，一份交装接电工，装接完毕后留存部门班组，以备检查。 3. 装接临时线应在 3 天前提出申请。 4. 使用期限按本标准报批、期限规定执行。 5. 电工必须持有此单，才能装接临时线路。		

7.13 有限空间作业安全管理实施细则

7.13.1 概述

7.13.1.1 目的

为规范单位有限空间作业的安全管理，预防和控制中毒、窒息等生产安全事故的发生，特制定本制度。

7.13.1.2 适用范围及有效性

本制度适用于上海电气集团股份有限公司及下属单位，上海电气（集团）总公司及下属单位参照执行。

7.13.1.3 缩写和定义

有限空间

是指封闭或者部分封闭，与外界相对隔离，出入口较为狭窄，作业人员不能长时间在内工作，自然通风不良，易造成有毒有害、易燃易爆物质积聚或者氧含量不足的空间。

7.13.1.4 本次调整内容

本制度在 2012 年发布的《有限空间作业安全管理制度》基础上进行格式调整，根据《上海市安全生产条例》、《工贸企业有限空间作业安全管理与监督暂行规定》、《有限空间安全作业五条规定》对内容进行修订。自本制度发布起，原《有限空间作业安全管理制度》废止。

7.13.2 职责和授权

责任主体	职责和授权
集团	负责提出有限空间作业安全管理要求，实施管理监督
单位	负责有限空间作业审批、落实措施、监督检查

7.13.3 文件主要内容

7.13.3.1 总体要求

（1）单位应建立健全有限空间作业安全管理制度，落实培训、审批、防范、检查、应急救援等方面措施，确保作业人员安全。

（2）单位应进行有限空间辨识，确定有限空间的数量、位置及危险有害因素基本情况，建立有限空间基本台账，并及时更新。

7.13.3.2 作业人员基本要求

（1）有限空间作业人员应参加相关专业培训，考核合格，并取得相应的特种作业人员资格证。

（2）有限空间作业应设专人监护，监护人员应熟悉作业环境和工艺，具备判断和处理异常情况的能力，并掌握急救知识。

7.13.3.3 报批

（1）有限空间作业实行作业许可管理。作业前，提出作业许可申请，由单位安全生产职能部门审批确认后方可作业。

（2）有限空间作业涉及用火、临时用电、高处等作业时，应办理相应的作业审批手续。

7.13.3.4 作业前安全要求

（1）有限空间作业前，应针对作业内容，对有限空间作业环境进行评估，分析存在的危险有害因素，制定相应的作业程序、安全措施及应急预案。

（2）按照有限空间作业方案，明确作业现场负责人、监护人员、作业人员及其安全职责。

（3）进入有限空间前，按照"先通风、再检测、后作业"原则，应根据实际情况事先测定其氧气、易燃易爆物质、有毒有害气体的浓度，符合要求后方可进入。在浓度可能发生变化的有限空间作业中，应保持必要的测定次数或连续检测。检测取样分析应具有代表性和全面性。

（4）有限空间盛装或残留物料对作业存在危险时，作业前应进行安全清洗、清空或置换，达到相关安全要求。进行安全清洗、清空或置换前，与其相连的管线、阀门应加盲板断开。禁止以关闭阀门代替安装盲板，盲板处应挂牌标识。

（5）进入带有转动部件的有限空间，应切断转动部件的电源，设置明显断开点和挂接地线，并在开关上挂"有人工作、禁止合闸"警示牌，应派专人监护。

7.13.3.5 作业中安全要求

（1）进入有限空间区域的人员应配备个人防中毒窒息等防护装备，服从监护人员的指挥，禁止携带作业器具以外的物品进入有限空间。在作业中发现情况异常或感到不适和呼吸困难时，立即向作业监护人员发出信号，迅速撤离现场。

（2）有限空间作业区域应设置安全警示标识，禁止无防护监护措施作业，配备一定数量符合规定的应急救护器具和灭火器材。

（3）有限空间作业时，应加强通风换气，必要时可再采取强制通风方法，但禁止向内通氧气。作业中断超过30分钟，作业人员再次进入有限空间作业前，应重新通风、检测合格后方可进入。

（4）有限空间作业场所应充分照明，照明灯具和电压等级应符合国家相关规定，夜间应设置警示灯；对存在可燃性气体的有限空间，所有电气设备设施及照明灯具应符合防爆安全要求。

（5）进入有限空间作业的作业人员所带的工具、材料须进行登记。

（6）发生中毒、窒息的紧急情况时，抢救人员应佩带隔离式防护面具方可进入作业空间进行施救，并至少留一人在外做监护、联络和报告工作，禁止盲目施救。

（7）有限空间作业条件发生变化，并可能危及作业人员安全时，应立即停止作业撤出，待处理并达到安全作业条件后，方可再进行作业。

（8）作业时，有限空间作业监护人员禁止擅自离岗，应经常检查，注意观察，发生异常情况或故障应立即停止作业、撤出人员并报告。

7.13.3.6 作业后安全要求

（1）作业完成后，作业监护人应及时清点作业人数，保证出入人数一致；作业人员和作业监护人员共同对有限空间内外进行检查，确认无问题，并均在作业审批表上签字。

（2）有限空间作业完工后，应办理"有限空间作业审批表"的关闭手续。

7.13.4 关联文件

制度文件名称	文件类型
危险作业安全管理	制度
有限空间作业审批表	表单

7.13.5 附件

无。

表单　有限空间作业审批表

申请部门		作业地点	
施工日期			
作业简要内容:			
有限空间作业人员姓名及证书编号:	现场指挥监护人:		身体状况:
防护措施:			申请部门主管意见:
			作业场所主管意见:
主管副总经理审批意见:		安全生产、环境保护职能部门审批意见:	
作业后安全确认: 签字:　　　　日期:			

7.14 放射性作业安全生产、 环境保护管理实施细则

7.14.1 概述

7.14.1.1 目的

为规范放射性作业过程安全、环境保护管理，保障从业人员职业健康及生命安全，保护环境，特制定本制度。

7.14.1.2 适用范围及有效性

本制度适用于上海电气集团股份有限公司及下属单位，上海电气（集团）总公司及下属单位参照执行。

7.14.1.3 缩写和定义

7.14.1.3.1 放射性作业

是指利用放射性同位素或射线装置进行的作业。

7.14.1.3.2 放射性同位素

是指某种发生放射性衰变的元素中具有相同原子序数但质量不同的核素。

7.14.1.3.3 射线装置

是指 X 线机、加速器、中子发生器以及含放射源的装置。

7.14.1.3.4 放射源

是指除研究堆和动力堆核燃料循环范畴的材料以外，永久密封在容器中或者有严密包层并呈固态的放射性材料。

7.14.1.3.5 辐射事故

是指放射源丢失、被盗、失控，或者放射性同位素和射线装置失控导致人员受到意外的异常照射。

7.14.1.4 本次调整内容

本制度在 2012 年发布的《放射性作业安全管理制度》基础上进行格

式调整，根据《中华人民共和国职业病防治法》、《放射性同位素与射线装置安全和防护条例》、《放射工作人员职业健康管理办法》对内容进行修订。自本制度发布起，原《放射性作业安全管理制度》废止。

7.14.2 职责和授权

责任主体	职责和授权
集团	负责提出放射性作业安全生产、环境保护管理要求，实施管理监督
单位	负责放射性作业审批、落实措施、监督检查

7.14.3 文件主要内容

7.14.3.1 作业人员基本要求

（1）放射性作业人员，上岗前应由专业医院体检合格，经相关部门辐射防护培训，业务技术考核通过，持证从事相应放射工作。

（2）放射性作业人员，应按规定每年进行职业健康体检。经医疗单位诊断不适宜继续从事放射工作的人员，应及时调离原岗位。

（3）放射作业人员的个人剂量管理按照《放射工作人员职业健康管理办法》相关规定执行。

7.14.3.2 室外作业安全要求

（1）在检修现场、室外或野外从事放射工作时，应履行危险作业审批程序后方可作业。

（2）作业现场应划出安全防护区域，设置明显的放射性标志，并设专人警戒。

（3）操作结束离开非密封放射性物质工作场所时，按要求进行个人体表、衣物及防护用品的放射性表面污染监测，发现污染要及时处理，做好记录并存档。

（4）放射性作业完成后，应办理放射性作业（室外）审批表的关闭手续。

7.14.3.3 作业中安全要求

（1）作业人员上岗时，应穿戴符合要求的个体防护用品，并正确佩戴个人剂量计，必要时佩戴报警式剂量计。

（2）作业人员应正确使用各类装置，严格遵守各项安全操作规程。禁止在工作场所进食，吸烟。

（3）沾染放射性物质的污物，应放在专门的污物间内的污物桶中，切不可任意乱放。

（4）作业过程应严格控制照射剂量，防止对人体造成伤害。

（5）放射源及设备发生故障时，作业人员应立即报告，由专业维修人员来处理。

（6）放射性废物的处置应按法律法规及其他要求执行。

7.14.3.4 事故应急处置

（1）使用单位应按法规要求编制辐射事故应急预案并备案。

（2）发生污染事故应及时向主管部门报告，在防护员组织下进行污染处理，并认真填报事故报告，上报相关单位。

（3）发生放射源丢失、被盗事故时，应立即启动本单位的应急预案，采取应急措施，并立即向当地环境保护、公安、卫生等行政主管部门报告。

（4）发生人员误照事故时，应及时采取有效措施进行施救，并及时送到医疗机构进行诊疗。

7.14.4 关联文件

制度文件名称	文件类型
危险作业安全管理	制度
固体废弃物管理实施细则	实施细则
放射性作业（室外）审批表	表单

7.14.5 附件

无。

表单 放射性作业（室外）审批表

申请部门		作业地点	
施工日期			

作业简要内容：

放射性作业人员姓名及证书编号：	现场指挥监护人：	身体状况：

防护措施：	申请部门主管意见：
	作业场所主管意见：

主管副总经理审批意见：	安全生产、环境保护职能部门审批意见：

作业后安全确认：

签字： 日期：

7.15 动火作业安全管理实施细则

7.15.1 概述

7.15.1.1 目的

为规范动火作业安全管理，避免发生火灾爆炸事故，保障人身、设备安全及生产作业环境安全，特制定本制度。

7.15.1.2 适用范围及有效性

本制度适用于上海电气集团股份有限公司及下属单位，上海电气（集团）总公司及下属单位参照执行。

7.15.1.3 缩写和定义

动火作业

是指焊接、切割、明火烘烤、打磨等引入点火源，能直接或间接产生明火的非常规作业。

7.15.1.4 本次调整内容

本制度在 2012 年发布的《动火作业安全管理制度》基础上进行格式调整，制度内容不变。自本制度发布起，原《动火作业安全管理制度》废止。

7.15.2 职责和授权

责任主体	职责和授权
集团	负责提出动火作业安全管理要求，实施管理监督
单位	负责动火作业审批、落实措施、监督检查

7.15.3 文件主要内容

7.15.3.1 总体要求

（1）正在运转的生产设备以及盛有易燃易爆物体的容器、管线与设备，严禁进行动火作业。

（2）有条件拆下的构件，如油管、法兰等应拆下来移至安全场所动火。

（3）可以采用不动火的方法代替而同样能够达到效果时，尽量采用代替的方法处理。

（4）尽可能把动火作业的时间和范围压缩到最低限度。

（5）动火作业严格执行"三不动火"，即没有经批准的"动火作业审批表"不动火、动火监护人不在现场不动火、防火措施不落实不动火。

7.15.3.2 人员基本要求

（1）作业监护人员应了解动火区域或岗位的生产过程，熟悉工艺操作和设备状况；具有较强的责任心，出现问题能正确处理；具有处理突发事故的能力；符合审批监督原则要求。

（2）作业人员应持有有效的本岗位工作资格证。

7.15.3.3 报批

（1）动火作业实行作业审批，应进行工作前安全分析，并办理"动火作业审批表"。

（2）单位动火作业审批表的审批应根据作业风险大小建立分级审批制度。动火作业审批人应亲临现场检查，落实防火措施后，方可签发"动火作业审批表"。

（3）动火作业涉及临时用电、高处、有限空间等作业时，应办理相应的作业审批表。

7.15.3.4 作业前安全要求

（1）动火作业前，针对作业内容，应进行危害识别，制定相应的作业程序、安全措施和应急预案。

（2）将安全措施填入"动火作业审批表"内，办理相关审批手续。

（3）动火前，经指定的监督人应提前到现场检查确认安全符合规定要求，方可动火，并负责做好动火过程的现场监督。

（4）在动火作业前，应清除现场一切可燃物，并准备好消防器材。动火期间，距用火点 30m 内严禁排放各类可燃气体，15m 内严禁排放各类可燃液体。在同一动火区域，不应同时进行可燃溶剂清洗和喷漆等施工。

7.15.3.5 作业中安全要求

（1）凡在有可燃物或难燃物构件的设备内部进行动火作业时，应采取防火隔绝措施。

（2）凡盛有或盛过化学危险物品的容器、设备、管道等生产、储存装置，应在动火作业前进行清洗置换，经分析合格后方可动火作业。若间隔时间超过 1 小时继续动火，应再次进行动火分析，或在管线、容器中充满水后，方可动火。

（3）凡是在易燃易爆装置、管道、储罐、阴井等部位动火作业前，应进行易燃易爆气体浓度检测分析，检测结果合格的，方允许动火。

（4）动火作业过程中，作业内容或作业环境发生变更时，应立即停止作业。

（5）使用气焊焊割动火作业时，氧气瓶与乙炔气瓶间距应不小于5m，二者距动火作业地点均应不小于10m，并不准在烈日下曝晒。

（6）五级风以上（含五级风）天气，禁止露天动火作业。因生产需要确需动火作业时，动火作业应升级管理。

7.15.3.6 作业后安全要求

（1）动火作业完毕应清理现场，确认无残留火种后方可离开。

（2）动火作业完成后，应办理"动火作业审批表"的关闭手续。

7.15.4 关联文件

制度文件名称	文件类型
危险作业安全管理	文件
动火作业审批表	表单

7.15.5 附件

无。

表单　动火作业审批表

申请部门		作业地点	
动火部位		动火作业级别及种类 （用火、气焊、电焊）	
动火作业 起止时间	由　年　月　日　　时起 至　年　月　日　　时止		

动火原因、防火的主要措施和配备的消防器材：

1. 动火原因：

2. 防火措施：

3. 消防器材：

　　　　　　　　　　　　申请人：　监护人：　　　　年　月　日

审批意见：

　　　　　　　　　　　　审批人签名：　　　　年　月　日

动火监护和作业后施工现场处理情况：

　　　　　　　　　　　　作业人签名：　监护人签名：　　　年　月　日

7.16 易燃易爆粉尘作业场所安全管理实施细则

7.16.1 概述

7.16.1.1 目的

为规范易燃易爆粉尘作业场所安全管理,预防事故发生,特制定本制度。

7.16.1.2 适用范围及有效性

本制度适用于上海电气集团股份有限公司及下属单位,上海电气(集团)总公司及下属单位参照执行。

7.16.1.3 缩写和定义

无。

7.16.1.4 本次调整内容

本版本为初始版本,根据《中华人民共和国安全生产法》、《上海市安全生产条例》、《严防企业粉尘爆炸五条规定》等相关要求编制。

7.16.2 职责和授权

责任主体	职责和授权
集团	负责提出易燃易爆粉尘作业安全管理要求,实施管理监督
单位	负责易燃易爆粉尘作业落实措施、监督检查

7.16.3 文件主要内容

7.16.3.1 总体要求

(1)单位应建立健全易燃易爆粉尘作业场所安全管理制度,落实培训、审批、防范、检查、应急救援等方面措施,确保作业人员作业安全。

(2)单位应将易燃易爆粉尘作业场所的相关设备设施纳入生产设备设施管理范畴,做好配置、使用、维护和检查,确保处于完好状态,禁止擅自拆除或停止使用。

（3）涉及易燃易爆粉尘作业场所检修的，按照单位相关审批制度执行。

7.16.3.2 作业人员基本要求

单位应按规定对接触粉尘的员工进行职业健康体检，定期由第三方检测机构进行作业场所浓度检测。

7.16.3.3 设备设施安全要求

（1）易燃易爆粉尘作业场所符合标准规范要求，禁止设置在违规多层房、安全间距不达标厂房和居民区内。

（2）易燃易爆粉尘作业场所按标准规范设计、安装、使用和维护通风除尘系统。

（3）易燃易爆粉尘作业场所应按规范使用防爆电气设备，落实防雷、防静电措施，保证设备设施接地，禁止作业场所存在明火和违规使用作业工具。

（4）涉及产生铝镁等金属粉尘的场所，应设置生产、收集、贮存金属粉尘的防水防潮设施，防止粉尘遇湿自燃。

7.16.3.4 作业前安全要求

（1）禁止将火种、铁质工具带入易燃易爆粉尘作业场所。

（2）应对各类设备设施、防护设施、安全装置、作业现场浓度进行检查，确认无误后方可作业。

7.16.3.5 作业中安全要求

（1）作业人员应严格执行安全操作规程和安全生产管理制度，员工按规定正确佩戴使用防尘、防静电等劳动防护用品上岗。

（2）每班按规定检测和规范清理粉尘，在除尘系统停运期间和粉尘超标时禁止作业，停产撤人，并向设备部门报修。

（3）作业场所应配备相应的防火、职业卫生等方面的警示标志，禁止违章动火、吸烟等行为。

（4）加强对作业场所的安全检查，发现问题，及时纠正整改，确保作业安全。

7.16.3.6 作业后安全要求

应对作业现场进行清扫整理，确保各类设备设施处于关闭、安全状态，方可离开作业现场。

7.16.4 关联文件

制度文件名称	文件类型
职业危害病危害防护管理	制度

7.16.5 附件

无。

7.17 安全生产标准化建设工作管理细则

7.17.1 概述

7.17.1.1 目的

为推进单位安全生产标准化建设工作，特制定本制度。

7.17.1.2 适用范围及有效性

本制度适用于上海电气集团股份有限公司及下属单位，上海电气（集团）总公司及下属单位参照执行。

7.17.1.3 缩写和定义

无。

7.17.1.4 本次调整内容

本制度在 2012 年发布的《安全生产标准化建设工作管理规定》基础上进行格式调整，内容不变。自本制度发布起，原《安全生产标准化建设工作管理规定》废止。

7.17.2 职责和授权

责任主体	职责和授权
集团	负责提出安全生产标准化建设要求和计划，并督促实施
单位	负责按要求实施安全生产标准化

7.17.3 文件主要内容

7.17.3.1 总体要求

（1）单位通过深入推进开展"岗位达标、专业达标、企业达标"活动，提升安全管理水平。

（2）单位是安全生产标准化建设的责任主体，单位主要负责人对本单位安全生产标准化建设工作全面负责。

（3）集团安全生产职能部门负责单位安全生产标准化建设的监督、指导工作。

（4）企业安全生产标准化等级分为一级、二级和三级，一级为最高。单位优先依据机械制造企业安全生产标准化标准开展安全生产标准化建设。对于不属于机械行业的单位，安全生产标准化工作按相关标准执行。

7.17.3.2 管理要求

（1）集团每年按法律法规及相关要求，制订安全生产标准化达标升级推进计划，并分解至相关单位的年度安全生产责任书，纳入其安全生产履职考核内容。通过培育安全生产标准化示范单位及安全生产标准化标杆班组等活动，对相关单位安全生产标准化工作进行引领。

（2）单位应按照集团部署积极开展安全生产标准化星级活动，以提高企业安全生产标准化运行控制能力，并纳入安全生产履职考核。

（3）安全生产标准化达标单位，应在生产经营过程中保持各项安全生产工作标准化运作。达标单位应自主开展安全生产标准化建设工作或成立由其主要负责人任组长的自评工作组，每年应按评定标准开展自评，形成自评报告并提交，自评报告应在单位内部进行公示。

（4）单位应按照集团部署积极组织开展安全生产标准化达标升级活动，并纳入安全生产管理长效机制。

（5）安全生产标准化证书到期单位，应申请复评。

7.17.4 关联文件

无。

7.17.5 附件

无。

7.18 班组安全生产环境保护管理实施细则

7.18.1 概述

7.18.1.1 目的

为加强班组安全生产、环境保护管理，实现班组管理工作标准化、规范化、制度化目标，特制定本制度。

7.18.1.2 适用范围及有效性

本制度适用于上海电气集团股份有限公司及下属单位，上海电气（集团）总公司及下属单位参照执行。

7.18.1.3 缩写和定义

班组

是指单位一线班组和二线班组。

7.18.1.4 本次调整内容

本制度在 2012 年发布的《班组安全管理制度》基础上进行格式调整，根据《工业企业班组安全建设意见纲要》、《机械制造企业安全生产标准》对内容进行修订。自本制度发布起，原《班组安全管理制度》废止。

7.18.2 职责和授权

责任主体	职责和授权
单位	负责组织专业安全技术、安全卫生知识和技能的培训；负责班组安全生产管理制度的制定、宣贯、监督执行和考核评价

7.18.3 文件主要内容

7.18.3.1 总体要求

（1）单位应积极开展班组建设，实现安全生产、环境保护工作内容指标化、工作要求标准化、工作步骤程序化、工作考核制度化和现场管理规范化。

（2）班组长是班组安全生产、环境保护第一责任人，全面负责班组工作。

（3）班组应按照"班组安全生产标准考评检查表"相关要求，加强班组管理。

7.18.3.2 安全环保管理组织

（1）单位应加强班组组织建设，建立健全班组安全生产、环境保护责任制，明确班组成员职责分工。

（2）单位应完善班组长任用机制，强化班组长激励约束机制，制定班组安全生产、环境保护管理考核奖励实施细则。

7.18.3.3 安全环保管理制度

（1）单位应根据实际，健全班组安全生产、环境保护管理相关制度，并严格落实。

（2）单位应建立班组安全管理台账。

7.18.3.4 岗位安全环保管理

（1）单位应加强岗位危险源、环境因素辨识和告知，制定操作规程，加强技术培训，实现作业程序标准化和岗位操作标准化。

（2）单位应加强作业环境、设备设施、劳动防护用品及安全生产、环境保护等警示标识管理，实现作业环境标准化、职业卫生标准化、警示标识标准化和防护用品标准化。

7.18.3.5 作业现场安全环保管理

（1）确定班组作业现场管理责任区域。

（2）实现危险源、环境因素告知看板上墙。

（3）严格执行《危险作业安全管理》。

（4）及时排查治理事故隐患，建立事故隐患整改台账。

7.18.3.6 教育培训和检查

（1）严格落实相关安全生产、环境保护教育培训的相关规定。

（2）积极开展班组安全生产、环境保护活动。

（3）严格实施"一班三检"（班前、班中、班后检查）制度。

（4）领导干部定点联系班组，检查班组安全生产、环境保护工作。

7.18.3.7 安全生产标准化考核

（1）单位应每年按照"班组安全生产标准考评检查表"开展一次班组安全生产标准化考核。

（2）班组安全生产标准化考核成绩可作为年终评比先进集体和先进班组的重要考查依据。

7.18.4 关联文件

无。

7.18.5 附件

附件序号	标题	页数
1	班组安全标准考评表	8

表单 班组安全标准考评表

序号	项目	考评标准	考评说明	应得分	实得分	备注
1	安全管理组织	根据生产（工作）需要，科学合理设置班组（一般不少于5人），形成以班组长为核心的班组安全生产工作组织。班组设1名兼职安全员，协助班组长抓好班组安全管理。班组长不在时，安全员有权安排班组有关人员处理与安全有关的工作	无以班组长为核心的班组安全生产工作组织扣5分；无兼职安全员扣5分，符合要求得全分	10		
2		建立班组全员安全生产责任制，来明确班组长、安全员及每个从业人员的安全职责及安全管理工作分工	无班组全员安全生产责任制，未明确班组长、安全员及每个从业人员的安全职责及安全管理工作分工扣全分；责任制不全扣5分	10		

续　表

序号	项目	考评标准	考评说明	应得分	实得分	备注
3	安全管理组织	班组长是班组安全工作的第一责任人，对班组安全工作负全责；班组分散作业时，班长应指定每组工作的安全负责人。班组长除履行安全管理职责、生产管理职责及质量管理职责外，在规定范围内具有安全管理权、生产组织权及考核等相应权力	班组长不能履行安全管理职责的扣全分；班组长没有安全管理权、生产组织权及考核分配权等相应权力的扣10分，或逐项扣分，每缺一项扣2分	15		
4		完善班组长任用机制。明确班组长任用条件、产生办法和聘任方法，规范班组长选拔程序，选拔优秀的班组长。班组长一般应具有高中以上文化程度、3年以上现场工作经历	企业无班组长任用机制的扣5分。班组长任用不符合条件的扣5分	10		
5		强化班组长激励约束机制。企业要加大对班组长的考核奖惩力度，设立班组长岗位津贴和奖励标准。对做出突出贡献的班组长，要进行奖励；对出现失职、渎职等行为的班组长，要纳入问责范围，视影响程度给予相应处罚	企业无班组长激励约束机制的扣全分	10		
6		制定班组安全管理考核奖励办法和实施细则，制定优秀班组、优秀班组长、优秀安全员创建标准，细化工作内容具体分值，将班组（岗位）安全生产目标全部进行量化	无班组安全管理考核奖励办法和实施细则扣3分；未制定优秀班组、优秀班组长、优秀安全员创建标准的扣3分；未将班组（岗位）安全生产目标全部进行量化的扣4分	10		

序号	项目	考评标准	考评说明	应得分	实得分	备注
7	安全管理组织	班组安全管理事项应明确分工落实到每一名从业人员，使每一名从业人员都参与实际安全管理	未使从业人员参与实际安全管理的扣全分	10		
8		班组实行安全互保制，明确互保对象	班组未实行安全互保制的扣全分；互保制不完善的，扣5分	10		
9		安全生产目标管理，制订量化、细化的安全目标，并以安全承诺书形式落实到个人，推动岗位责任落实	班组未实行安全生产目标管理，未制订量化、细化安全目标的，扣10分；未以安全承诺书形式落实到个人的，扣5分	15		
10	安全管理制度标准	制定健全完善的班组安全管理制度，并严格落实。班组建设的安全管理制度主要包括：班前班后会制度、作业场所职业危害管理制度、隐患排查治理制度、安全检查制度、班组学习培训制度、交接班制度、安全活动日制度、安全互保制度、领导干部联系班组制度、事故登记制度以及企业认为需要制定的其他相关制度	制度每缺一项，扣2分	20		
11		每个岗位、工种和所操作的机电设备、工具都必须有健全的安全操作规程，做到人手一册	没有安全操作规程扣全分；未做到人手一册，扣5分	20		
12		根据生产设备等因素变化和事故教训等情况及时检查现有规程制度是否健全，及时提出补充修改意见	未根据要求及时检查现有规程制度并提出补充修改意见的，不得分	10		

续 表

序号	项目	考评标准	考评说明	应得分	实得分	备注
13	安全管理制度标准	危险性较大的临时性工作，班组都必须提前制定出书面安全措施，并逐级把关、审批	对危险性较大的临时性工作，班组未制定出书面安全措施，未逐级把关、审批的不得分	10		
14		班组各岗位从业人员应熟知本岗位安全生产管理制度和操作规程，并严格遵守	员工不知道岗位操作规程，每1人次扣5分	20		
15		建立班组安全管理台账，做到记录清楚、内容齐全、保存完好	未建立班组安全管理台账的，扣全分；记录不完整，每缺一项扣2分；内容不实的，每缺一项扣2分	20		
16	岗位操作安全标准	作业程序标准化。分岗位制定规范的安全操作规程、作业指导书或岗位作业卡，作业制度健全，操作行为规范。对于重要操作，班组应要求相关技术人员下达操作指令或工作提示	未分岗位制定安全操作规程、作业指导书或岗位作业卡的扣10分；作业制度不健全的，扣5分	15		
17		岗位操作标准化。按照作业安全要求制定安全操作标准，加大对各岗位工作内容标准的监控，保证班组人员上标准岗、干标准活、交标准班。特种作业人员从事相关操作，必须持证上岗，禁止安排无证人员从事特种作业	未按照作业安全要求制定安全操作标准扣10分；特种作业人员未持证上岗的扣全分	20		
18		作业环境标准化。建立起企业、车间、班组三级排查辨识生产（工作）场所、作业岗位的危险源（点）、事故隐患的安全监控网络，实行危险源（点）辨识和告知。依据国家标准要求对工作环境进行积极治理，创造舒适、文明的工作环境	未建立企业、车间、班组三级排查辨识生产（工作）场所、作业岗位的危险源（点）、事故隐患的安全监控网络的扣10分；未实行危险源（点）辨识和告知的，扣10分	20		

续　表

序号	项目	考评标准	考评说明	应得分	实得分	备注
19	岗位操作安全标准	职业卫生标准化。坚持改善作业场所职业卫生状况，作业场所职业危害因素浓度（强度）符合国家有关职业卫生标准	作业场所职业危害因素浓度（强度）不符合国家有关职业卫生标准的，扣全分	15		
20		安全警示标准化。生产（工作）场所、设备、设施上职业危害告知和安全警示标识，醒目、齐全、标准一致	未进行生产（工作）场所、设备、设施上职业危害告知和安全警示标识的，不得分	15		
21		防护用品标准化。按照国家规定，为员工配备合格的劳动防护用品。员工上岗前督促其按规定穿戴好劳动防护用品，劳动保护用品穿戴不齐全、不正确的，不得上岗	未为员工配备合格的劳动防护用品的扣10分；劳动保护用品穿戴不齐全、不正确的，每发现一例扣2分	15		
22	现场安全标准	班组内的机电设备、工具、车辆及工作现场等都必须做到无隐患，安全防护装置、设施齐全可靠。对产生职业危害的岗位、设备的醒目位置应设置警示标识，警示标识应当载明设备性能、可能产生的职业危害、安全操作和维护注意事项、职业危害防护措施等内容	每发现一处隐患扣5分；无安全警示标识的扣5分；警示标识不全的酌情扣分，至少扣5分	15		
23		对设备进行经常性检修维护，做到设备清洁完好，无跑、冒、滴、漏；生产作业环境文明整洁，无垃圾、无油渣、无杂物、物料工具堆放整齐，安全通道畅通，安全标志明显	设备不清洁完好，有跑、冒、滴、漏现象的扣5分；生产作业环境不整洁，垃圾杂物乱堆，扣5分；安全通道不畅通扣3分；安全标志不明显扣5分	15		

序号	项目	考评标准	考评说明	应得分	实得分	备注
24	现场安全标准	危险源告知看板上墙	危险源告知看板未上墙的，不得分	15		
25		严格落实危险作业安全管理和审批制度，规范班组特种作业以及重点环节的运作，危险作业实行"手指口述"操作法，无冒险蛮干，无违规操作	未落实危险性作业审批制度、违规操作的，发现一起不得分	10		
26		严格易燃易爆场所及其他特殊危险场所的动火作业管理，严格遵守"三级动火"规定	未遵守"三级动火"规定的，不得分	10		
27		积极开展班组事故预想活动，班组人员熟悉本岗位的危险源（点），并熟知控制措施和应急预案	每发现一名人员不熟悉本岗位的危险源（点），不熟知控制措施和应急预案的，扣2分	15		
28		及时排查治理职业危害和现场事故隐患，对生产作业场所、安全生产设备及系统进行定时、定点、定路线、定项目巡回检查，隐患没有排除，班组长不得组织生产	未排查治理职业危害和现场事故隐患的，扣10分；未对生产作业巡回检查，或隐患发现后未及时整改，扣10分	20		
29	安全教育标准	坚持每月两次安全学习制度，定期组织职工学习岗位安全操作规程和各项安全管理制度	未组织安全学习，扣全分；未按要求组织学习的，每缺一次扣2分，最多扣10分	15		
30		新工人、调岗工、复岗工人和特种作业人员培训教育率100%，考试合格者上岗	未进行培训教育的，不得分；培训不达标的扣5分	15		

续　表

序号	项目	考评标准	考评说明	应得分	实得分	备注
31	安全教育标准	定期组织岗位安全操作的技能训练，举行反事故演习，掌握处理各种故障的能力，提高自我保护能力	未定期组织岗位安全操作的技能训练，未举行反事故演习的，不得分	10		
32		落实职工参与班组安全民主管理的措施，坚持班组安全群众监督	无措施，不坚持班组安全群众监督，不得分	5		
33		积极开展切合实际、形式多样、体现班组特色的安全文化活动，落实班组员工安全生产知情权、参与权、监督权、表达权和举报权	无班组安全文化活动，不得分	5		
34	安全检查标准	坚持"一班三检"（班前、班中、班后）制度，有异常情况应及时处理。每天开好班前会或班后会。班前会结合当天工作任务，做好危险点分析，布置安全措施，交代注意事项；班中对各个工作点进行巡回检查，排查在岗职工精神状况、生产过程中的职业危害和安全隐患；班后会总结讲评当班工作和安全情况，表扬好人好事，批评忽视安全、违章作业等不良现象，并做好记录	未坚持"一班三检"（班前、班中、班后）制度，扣5分；未每天开班前会或班后会并未做记录的，扣5分；二者均未做扣全分	15		
35		对长期闲置不用的设备，在使用前应全面检查，经检查合格确认后方可使用	对长期闲置不用的设备，在使用前未全面检查不得分	5		
36		建立每个岗位、设备的专用安全检查表，明确检查的内容和标准，确保各类事故隐患能够及时发现	没有安全检查表，不得分	15		

续　表

序号	项目	考评标准	考评说明	应得分	实得分	备注
37	安全检查标准	建立安全隐患整改台账。所有隐患和问题无论是否整改都应记入台账，未整改的要及时上报	未建立安全隐患整改台账，不得分；台账记录不全的，扣5分	15		
38		合计				

7.19 相关方安全管理制度

7.19.1 概述

7.19.1.1 目的

为明确相关方管理要求和安全生产、环境保护责任，落实对相关方安全生产、环境保护管理工作的监督、检查和考核，防止事故发生，特制定本制度。

7.19.1.2 适用范围及有效性

本制度适用于上海电气集团股份有限公司及下属单位，上海电气（集团）总公司及下属单位参照执行。

7.19.1.3 缩写和定义

相关方

是指在集团单位区域内承担建设工程、设备设施检修、安装调试、拆卸等工程项目及日常劳务工作的所有承包商，以及从事其他活动的外部单位和个人。

7.19.1.4 本次调整内容

本制度在2012年发布的《相关方安全管理制度》基础上进行格式调

整，根据《中华人民共和国安全生产法》、《上海市安全生产条例》对内容进行修订。自本制度发布起，原《相关方安全管理制度》废止。

7.19.2 职责和授权

责任主体	职责和授权
集团	负责提出相关方安全生产、环境保护管理要求，实施管理监督
产业集团	负责按照集团要求，实施相关方管理
单位	负责实施相关方管理

7.19.3 文件主要内容

7.19.3.1 总体要求

（1）单位应将对相关方的安全生产、环境保护管理纳入本单位的安全生产、环境保护管理体系。

（2）单位应建立健全相关方安全生产、环境保护管理制度，明确管理要求和责任；建立相应的管理档案；落实对相关方安全生产、环境保护管理工作的监督、检查和考核。

（3）相关方涉及生产作业活动的，单位在与其签订经济合同的同时，应签订安全生产、环境保护协议。

（4）相关方在单位区域内发生生产安全事故、突发环境污染事件的，按照法律法规及其他要求上报、调查、处理。

7.19.3.2 相关方安全管理

（1）相关方应严格执行所在单位的安全生产、环境保护管理规定和要求，健全现场安全生产、环境保护管理制度，做好安全生产、环境保护措施方案，接受所在单位的管理、监督。

（2）作业前，相关方应做好现场安全生产、环境保护管理人员的配置，检查生产设备设施、作业现场及环境，作业人员应正确穿戴劳动防护用品，做好对作业人员的安全技术交底和现场安全教育，落实现场安全措施。

（3）相关方在实施危险作业、危险区域作业、交叉作业前，应做好施工安全方案，做好危险作业的申报、审批和备案工作，落实安全措施，加强现场监护。

（4）相关方应严格执行特种作业、特种设备作业安全管理相关要求，特种作业、特种设备作业人员应持证上岗。

（5）相关方应保证使用的各类机具、材料、防护设施和用品符合国家安全生产、环境保护相关要求。

（6）相关方应开展作业现场安全生产隐患排查，对存在的隐患及时整改和消除，对一时不能消除的隐患，应落实能保障安全的有效防护措施，并及时向发包方报告。

（7）对进入生产区域和危险区域的相关方人员应做好危害告知、落实个体防护措施，同时做好陪同监护，督促其遵守所在单位的各项安全生产规章制度。

7.19.3.3 对承包方管理要求

（1）单位应严格审查承包方的经营资质（范围）、安全生产资质（许可）、安全生产、环境保护管理制度和规程、人员资格、作业方案、安全措施、作业人员劳动合同、工伤保险缴纳情况等，禁止将项目发包给不具备相应资质和要求的承包方。

（2）单位应在开工前，对承包方的安全生产、环境保护管理能力、设备设施状态、安全措施落实和危险作业管理情况等实施检查，并做好相应的记录和备案工作。

（3）单位应严格承包方作业过程的安全监督管理，对涉及危险作业、危险区域作业、交叉作业的，应派专业人员和安全管理人员实施现场监护，并做好协调管理。

（4）单位在承包方进入作业现场前，应做好技术交底、施工交底以及现场危险危害和本单位安全生产相关要求的告知，督促承包方做好现场安全生产、环境保护管理。

（5）单位应对承包方人员开展作业前安全教育，做好相关记录。

7.19.3.4 其他管理要求

（1）单位应对进入本单位区域内的商务、参观访问、工作检查、业务咨询等活动的其他相关方人员进行安全教育，并做好相关记录；对进入生产区域和危险区域的相关方人员应做好危害告知、落实个体防护措施，同时做好陪同监护，督促其遵守所在单位的各项安全生产规章制度。

（2）劳务派遣人员、实习人员应视同本单位员工实施安全管理。

（3）对于发生突发事件可能波及的单位和社区，应组织对其进行安全风险告知。突发事件发生时，组织内部员工疏散的同时，应及时告知周边单位和社区，必要时协助其实施疏散撤离行动。

7.19.4 关联文件

制度文件名称	文件类型
生产安全事故环境污染事件报告处理统计管理	制度

7.19.5 附件

附件序号	标题	页数
1	生产性企业相关方安全生产环境保护责任清单	7

附件1　生产性企业相关方安全生产环境保护责任清单

1 总则

1.1 单位是相关方安全生产、环境保护管理的责任主体，明确单位职能部门安全生产、环境保护相关方的管理职责。

1.2 根据"属地管理"和"谁使用谁负责、谁用工谁负责、谁受益谁负责、谁发包谁负责"的管理原则。

1.3 建立相关方的安全生产、环境保护管理制度，明确双方的安全生产、环境保护责任和义务，建立相关方的名录和管理档案。

1.4 应对相关方进行安全生产、环境保护教育；将相关制度、设备设施、作业区域生产安全风险和环境因素等要项告知对方，并对特殊要求进行技术交底与作业交底。

1.5 对进入单位的相关方设置安全生产、环境保护条件，严格实行安全生产、环境保护准入制。

1.6 应对相关方安全生产、环境保护管理定期评估。

1.7 单位应根据单位特点和相关方特点制定相应的管理细则。

2 外来施（务）工单位

2.1 主要包括：承包合同单位、租赁合同单位

（1）承包合同单位主要有：设备、设施安装调试（或维修保养或搬迁运输）方；建筑施工承包方；外包内做方；服务外包（餐饮、保安、保绿、保洁、班车）方；商务合同方等。

（2）租赁合同单位主要有：物业（厂房）出租、宿舍租赁、工业园区、设备租赁等。

2.2 甲方（单位方）责任

（1）对承包方、服务方、租赁方、供应商等相关方的资格在服务前进行预审、选择，严把安全生产、环境保护准入许可关；在签订经济协议的同时应签订安全生产、环境保护协议，明确双方的责任和义务。

（2）对租赁入驻单位应查验工商营业执照等相关证照，审查安全生产、环境保护条件，建立一企一档，实施安全生产、环境保护告知承诺。不得将项目（或不符合安全要求的场地、设备设施租赁）发包给不具备相应资质要求的相关方。

（3）项目应明确国家规定的安全生产、环境保护费用、金额及使用，监督相关方将相关安全投入落实到位。

（4）项目实施前，应进行安全、环境技术交底；告知项目场所的危险有害因素，安全防范措施，安全、环境注意事项，以及事故应急处置措施；为相关方提供符合法律法规要求的管理制度及合同所约定的安全生产、环境保护条件。

（5）根据相关方提供的作业性质和作业行为定期识别生产安全风险，在作业过程中监督相关方施工作业方案及安全技术措施落实情况；监督较大危险性作业采取风险控制措施的情况；定期检查相关方用工变化情况；对其安全环境绩效进行监测，对相关方安全生产、环境保护工作进行指导和考核。

（6）租赁场所按规定设置符合紧急疏散要求、标示明确的通道和出

口，并保持畅通；设备按规定设置警示标识。实行危险作业、临时用电、危化品使用作业的许可审批，对安全检查中发现的隐患开具整改通知，并督促其按期完成整治。

（7）工业园区管理单位应制定安全环境管理制度，负责园区安全生产、环境保护的统一管理和协调，保证安全生产、环境保护投入；负责园区公共区域的安全生产、环境保护管理。参与园区内新建、改建、扩建项目的环境保护、安全设施、职业卫生的"三同时"审查工作，督促建设项目与主体工程同时设计、同时施工、同时投入生产和使用；对公共设施、设备进行日常检查和维护。

（8）统一管理协调同一作业区域内的多个相关方的交叉作业；协助相关方进行生产安全事故的救援、调查、处理；按相关规定及时报告事故、督促整改。

2.3 乙方（相关方）责任

（1）按规定和合同及技术要求配备满足安全生产、环境保护管理人员和工程技术人员；建立安全生产、环境保护管理制度和安全操作规程，明确安全生产、环境保护责任；实行安全生产、环境保护标准化管理。

（2）编制的作业施工方案应具备安全技术措施要求及内容，经审查批准后方可开工作业；按规定向政府相关部门报监备案；对特种设备进行安全报检。

（3）严格遵守发包方安全生产、环境保护等各项管理规定，接受现场管理与监督，接受所在单位的安全检查和处罚。

（4）租赁入驻单位禁止擅自改变厂房的生产使用性质、建筑结构；禁止使用国家明令淘汰禁止使用的工艺、设施及产品；禁止违规使用特种设备；禁止将厂房、场所、设备出租、转租或者转让。租赁设备禁止擅自改变设备原状和用途；租赁区内建设项目应报甲方审批，建设单位应与施工单位签订安全生产、环境保护管理协议。

（5）保障项目安全投入的有效实施，禁止挪作他用。

（6）生产、经营、储存、使用危险物品的车间与仓库禁止与员工宿舍在同一建筑物内。

（7）主要负责人和安全生产、环境保护管理人员应具备相应的安全生产、环境保护知识和安全生产、环境保护管理能力，从事高危险行业的还应具有相应的安全资格证；特种作业人员应具有特种作业操作证方可上岗。

（8）按规定对从业人员进行安全生产、环境保护教育培训，并接受甲方的安全生产、环境保护业务指导。

（9）合法用工、建立劳动用工档案；依法为作业人员缴纳工伤保险、高危行业安全生产、环境保护责任保险等费用；用工发生变动时，应及时向甲方报告接受培训。

（10）未经许可禁止动用甲方的任何设备设施；对有限空间作业、高处作业、动火作业、危化品使用、临时用电等作业，应按规定办理作业许可，并与所在单位协调、落实现场安全生产、环境保护措施。

（11）对作业场所的危险有害因素、安全防范措施、安全注意事项以及事故应急处置措施等进行告知，作业现场应设置必要的安全防护设施和安全警示标志、标识等。

（12）为从业人员提供符合国家标准或者行业标准的个体防护用品；并正确佩戴和使用。按规定进行职业健康体检，建立职业健康档案。

（13）开展安全生产、环境保护隐患排查治理；不能及时整改的，应及时报告甲方、协商解决。

（14）所有施工机械、器具的安全防护装置应齐全有效，并加强维护检修，保持性能良好。特种设备应按规定检测检验，建立特种设备档案，并报甲方备案。

（15）发生生产安全事故应积极组织抢救，并保护好事故现场，按照国家相关规定进行事故处理。

3 外来人员

3.1 主要包括：商务用工、实习人员、参观人员、快递人员、上门服务人员、外来车辆等。

3.2 甲方（单位方）责任

（1）商务用工、实习人员、参观人员、上门服务人员、外来车辆运输搬运人员，须由对口业务部门将相关人员的具体事项报安全生产职能部门，由安全生产职能部门负责对维修人员进行安全教育后，方可进厂；并由对口业务部门派专人陪同监护。

（2）实行外来人员进厂登记制度。参观人员、快递人员等临时外来人员，由对口接待部门（或门卫）对进厂人员进行安全教育和安全告知，佩戴印有安全告知的进厂证件，方可进厂。

（3）外来车辆进入公司应在门卫登记且将自己的驾驶凭证交与公司门卫换取公司或单位内部的通行证（出公司时换回），方准进入公司。

（4）危险品车辆进入厂区应接受警卫检查，证、照齐全，经门卫登记后由业务部门主管人员陪同，方可进入公司。

（5）告知外来人员遇有应急情况时应急逃生自救或寻求帮助的方法途径。

3.3 乙方（相关方）责任

（1）未经公司同意禁止擅自进入单位；进入现场应由相关的业务部门管理人员陪同；未经许可禁止进入无关的工作场所；未经许可严禁拍照。

（2）遵守单位制度和规定，未经许可禁止动用甲方的任何设备设施；进入生产现场应穿着个体防护装备。

（3）遵守单位吸烟制度，严禁吸烟；禁止吸食违禁药品和饮酒。

（4）所有外来车辆出入公司应听从警卫指挥，按规定行驶、停放，禁止停占固定停车位，禁止在非停车处停车，禁止驶入非工作业务场所。外来车辆应遵守公司相关车辆的限速规定。所有外来车辆应接受门卫的检查，禁止拒绝检查，包括进入和出去。

（5）单位的物品禁止擅自携带，设备、设施进出厂区的，应办理相关许可手续。

7. 20 建设工程安全生产环境保护管理制度

7. 20. 1 概述

7. 20. 1. 1 目的

为了加强对集团及承租单位建设工程项目的安全生产、环境保护管理，明确管理职责，预防事故发生，特制定本制度。

7. 20. 1. 2 适用范围及有效性

本制度适用于上海电气集团股份有限公司及下属单位，上海电气（集团）总公司及下属单位参照执行。

7. 20. 1. 3 缩写和定义

7. 20. 1. 3. 1 建设工程

是指房屋改建、土木工程、线路管道、设备设施安装和拆除、建筑装修及房屋拆除工程等。

7. 20. 1. 3. 2 主责单位

分以下 5 种情况：

（1）集团直接投资或下属单位投资的建设工程项目，委托集团下属单位负责具体实施和管理的，受托单位为主责单位。

（2）单位自建并直接与施工单位签订建设工程项目施工合同的，单位为主责单位。

（3）资产处置中涉及设备、构件等拆除工程项目的，资产出让单位为主责单位。

（4）承租单位进行的承租物业改建、装修工程项目，业主单位为主责单位。

（5）其他情形者。

7. 20. 1. 3. 3 次责单位

分以下两种情况：

（1）资产处置中涉及设备、构件等拆除工程，负责资产处置招投标的单位为次责单位。

（2）其他情形者。

7.20.1.4 本次调整内容

本制度在 2012 年发布的《建设工程安全管理制度》基础上进行格式调整，根据《中华人民共和国安全生产法》、《中华人民共和国环境保护法》、《建设项目安全设施"三同时"监督管理暂行办法》、《危险化学品建设项目安全监督管理办法》、《建设项目职业卫生"三同时"监督管理暂行办法》对内容进行修订。自本制度发布起，原《建设工程安全管理制度》废止。

7.20.2 职责和授权

无。

7.20.3 文件主要内容

7.20.3.1 总体要求

（1）建设工程安全生产、环境保护管理应坚持"五大原则"，即"安全第一、预防为主、综合治理"原则，安全生产、环境保护管理属地化原则，企业主体责任原则，安全生产、环境保护分级管理原则和事故责任追究原则。

（2）主责单位履行的职责主要包括：

①主要领导是安全生产的第一责任人，须派专职安全生产、环境保护管理人员负责工程项目安全生产、环境保护的组织、协调和管理，并对建设施工安全生产、环境保护负责。

②应认真执行国家关于建设工程安全生产、环境保护的法律法规及相关要求，并负责贯彻落实。

③在编制工程概算时，应确定建设工程安全作业环境及安全文明施工措施所需费用，并在施工过程中对费用使用情况进行监管。

④确定建设项目进行招投标时，应对投标单位是否具有安全生产资格进行审查，并对审查结果负责。

⑤在施工前应对施工单位是否具备安全生产条件进行审查，杜绝不具备安全生产条件的施工单位进行施工。

⑥建设项目根据国家相关安全生产、环境保护规定应到行政主管部门

办理各项报批、审核等手续的，必须办理。

⑦在施工前，对施工单位安全生产资格和安全生产条件审查情况应以书面形式报集团安全生产职能部门审核备案。

⑧派专人加强施工现场的安全生产、环境保护监管，发现施工现场存在安全生产、环境保护隐患，应督促施工单位予以整改，并采取相应措施。

⑨根据上级相关文件精神和要求，开展隐患排查和整治工作，努力完成上级布置的各项安全工作。

⑩接受上级安全生产、环境保护职能部门对建设工程工作的检查和指导，并落实检查和指导意见。

⑪每星期召开建筑施工安全生产、环境保护工作会议，协调解决施工过程中的安全生产、环境保护问题。

（3）次责单位履行的职责主要包括：

①在施工时发生生产安全事故和环境污染事故，应在第一时间内逐级上报，杜绝迟报、漏报、谎报和不报。

②负责资产处置招投标的单位，在招标前对投标单位的安全生产资质和条件有事前告知和审查的责任，如实将安全生产资质审查情况以书面形式告知资产出让单位，并对中标单位在施工中的安全生产负有检查、督促和协调的责任。

7.20.3.2 对投标方安全生产资格审查

（1）建设工程项目确定后进行公开招标或采取其他方式对施工单位进行审查的，建设主管部门应通知安全生产、环境保护职能部门参加，安全生产、环境保护职能部门对投标方是否具备安全生产资格进行审查，审查合格的，安全生产、环境保护职能部门以书面形式予以认可。单位应优先选择安全绩效优秀的施工单位。

（2）承租单位进行建筑施工的，应以书面形式向业主提出申请，并同时提交建筑施工方案和安全技术措施保障方案；经业主书面同意后，应将拟请施工单位安全生产资格报业主进行复审，复审通过后，业主应以书面形式予以认可。

（3）资产处置中涉及设备、构件等拆除工程的，负责资产处置招投标的单位，在招标前应以书面形式将拆除工程项目施工单位安全生产资格和条件审查要求告知投标单位。安全生产资格审查通过或资产受让单位承诺接受审查的，主责单位方可其签订施工或转让合同。

（4）建设工程项目存在分包的，应要求总承包单位对分包单位安全生产资格和安全生产条件进行审查，并提交建设单位复审。

7.20.3.3 安全生产、环境保护管理协议签订和风险抵押金交纳

（1）建设单位（含出租单位）与施工单位签订施工合同的同时，应与其签订安全生产、环境保护管理协议书和安全生产、环境保护责任书，并要求其向建设单位交纳风险抵押金。

（2）施工单位按照以下标准，根据项目合同款向建设单位缴纳安全生产、环境保护风险抵押金：

①1 000 万元以下的，为项目合同款的 1%，最低为 2 000 元。

②1 000 万元 ~ 1 亿元的，为项目合同款的 0.5% ~ 1%，最低为 10 万元，最高为 50 万元。

③1 亿元以上的，最低为 50 万元，最高为 100 万元。

④单位根据实际情况，可以制定具体项目的安全生产、环境保护风险抵押金，但禁止低于上述基本标准。

7.20.3.4 施工单位入场安全生产条件审查

与施工单位直接签订施工合同的，主责单位应对施工单位入场安全生产条件进行审查。其他情况，主责单位应对施工单位安全生产资格和入场安全生产条件进行复审。审查或复审通过的，方可进场施工。

7.20.3.5 安全生产资格和安全生产条件审查

（1）对施工单位安全生产资格审查属于标前审查，审查内容包括：

①企业法人营业执照（原件）。

②质等级证书（原件）。

③安全生产许可证（原件）。

④安全诚信情况（近三年安全生产情况）。

⑤安全生产管理制度。

⑥安全生产管理机构。

⑦组织设计中的文明施工方案和安全技术措施方案。

（2）对施工单位安全生产条件审查属于实地审查，审查内容包括：

①项目经理持证情况（原件）。

②现场专职安全管理人员持证情况（原件）。

③特种作业人员持证情况（原件）。

④三级安全教育情况。

⑤从业人员劳动合同。

⑥从业人员办理相关保险情况。

⑦安全生产操作规程。

⑧劳动安全防护、文明施工方案。

⑨安全环境事故应急预案。

⑩现场安全技术保护措施。

⑪从业人员名单、身份证、劳动合同、安全教育、特种作业操作证的复印件报送建设方、业主方安全生产职能部门备案。

⑫安全生产、环境保护管理协议签订情况。

⑬安全生产、环境保护责任书签订情况。

⑭施工单位或承租方安全生产、环境保护风险抵押金交纳情况。

7.20.3.6 施工现场安全管理

（1）安全生产、环境保护主责单位和次责单位派人对施工现场进行监管，督促施工单位按《建筑施工安全检查标准（JGJ59）》进行自查，并对检查结果进行复查。

（2）对现场安全生产、环境保护督查的主要内容：

①安全组织机构的落实情况。

②安全生产、环境保护岗位责任制落实情况。

③施工现场安全生产保证计划落实情况。

④安全管理制度落实执行情况。

⑤各工种安全技术操作规程及安全作业指导书执行落实情况。

⑥危险性作业到安全生产职能部门办理审批情况。

⑦基坑支护与降水工程、土方开挖工程、模板工程、脚手架工程、起重吊装工程等危险性较大工程的方案，按国家标准制定及安全技术措施的落实情况。

⑧临边、洞口的防护设施。

⑨临时用电方案按国家相关标准制定和落实情况。

⑩劳动安全防护用品的正确配置和使用情况。

⑪特种设备使用登记制度落实情况和施工机具检测情况。

⑫易燃易爆物品、危险化学品的管理情况。

⑬施工现场废水、废气、废渣、噪声处置情况。

⑭事故隐患排查治理情况。

⑮各工程项目安全技术交底情况。

⑯事故应急预案的组织、物资等落实情况。

⑰施工单位各类安全记录情况。

7.20.3.7 违规责任

对违反本制度的单位按以下要求予以处罚：

（1）未对施工单位进行资格审查而擅自施工的，由集团安全生产、环境保护职能部门开具黄色整改单，令其整改；对未按要求进行整改的，开具红色整改单，并在集团内通报批评。

（2）建设工程未进行统一协调和管理，施工单位无资质或违法转包，施工现场安全生产、环境保护管理混乱的，由集团安全生产、环境保护职能部门开具红色整改单，责令停工整改；对主责单位主要负责人进行约见谈话。

（3）同类隐患被开具整改单2次以上的，主责单位和次责单位的负责人禁止评比该年度各类先进。

（4）造成生产安全死亡事故或重大环境污染等事故的，对主责单位和次责单位的主要领导和分管领导按集团相关规定进行处理，施工单位3年内禁止参加集团内的招投标。

7.20.4 关联文件

制度文件名称	文件类型
安全生产环境保护绩效考核管理	制度
生产安全事故隐患及环境污染隐患排查治理	制度
安全生产环境保护责任制	制度
安全生产环境保护奖惩管理制度	实施细则

7.20.5 附件

无。

7.21 生产性建设项目安全生产职业卫生设施"三同时"管理制度

7.21.1 概述

7.21.1.1 目的

为加强对生产性建设项目安全生产、职业卫生设施"三同时"工作的管理，特制定本制度。

7.21.1.2 适用范围及有效性

本制度适用于上海电气集团股份有限公司及下属单位，上海电气（集团）总公司及下属单位参照执行。

7.21.1.3 缩写和定义

7.21.1.3.1 生产性建设项目

依法审批、核准或者备案的新建、改建、扩建和技术改造、技术引进的建设项目。

7.21.1.3.2 "三同时"

建设项目的安全设施、职业卫生设施应与主体工程同时设计、同时施工、同时投入生产和使用。

7.21.1.4 本次调整内容

本制度在 2012 年发布的《生产性建设项目安全生产、职业卫生设施"三同时"管理制度》基础上进行格式调整，根据《中华人民共和国安全生产法》、《建设项目安全设施"三同时"监督管理暂行办法》、《建设项目职业卫生设施"三同时"监督管理暂行办法》、《关于做好建设项目职业卫生"三同时"监督管理工作的通知》和《关于本市建设项目职业卫生"三同时"审查工作的通知（暂行）》对内容进行修订。自本制度发布起，原《生产性建设项目安全生产、职业卫生设施"三同时"管理制度》废止。

7.21.2 职责和授权

责任主体	职责和授权
集团	负责集团投资的生产性建设项目安全生产、职业卫生设施"三同时"工作
产业集团、单位	负责本单位的生产性建设项目安全生产、职业卫生设施"三同时"工作

7.21.3 文件主要内容

7.21.3.1 总体要求

（1）单位是建设项目安全生产、职业卫生设施"三同时"工作的责任主体，应该按照以下规定，严格落实"三同时"职责：

①贯彻执行国家和上级相关的"三同时"法律法规及其他要求，制定本单位"三同时"管理制度；建立建设项目"三同时"文件资料档案，并妥善保存。

②负责组织对外部"三同时"项目的安全生产预评价、可能存在职业病危害项目的职业卫生预评价，组织编制安全生产、职业卫生专篇；确保项目"三同时"所需资金投入，并纳入建设项目概算。

③对"三同时"设施采购、安装、施工等全过程进行监控，对出现的问题予以及时解决，并建立相应的原始记录，索取相关的档案资料和资质证明。

④参与建设项目"三同时"的设计审查。

⑤负责组织建设项目的"三同时"施工及过程控制。

⑥负责组织对建设项目中安全生产、职业卫生等内容的验收和评价。

⑦负责建设项目"三同时"其他事项的办理。

（2）投资规划部门的职责主要包括：

①确定区、县级以上各级政府审批、核准或者备案的重大建设项目以及列为集团重点投资项目。

②组织对方案中涉及的安全设施和职业卫生"三同时"符合情况把关、落实情况进行审查。

（3）安全生产职能部门的职责主要包括参与对重大、重点投资项目以及职业病危害严重的建设项目中的安全生产、职业卫生等内容进行评审，并对相关内容的实施进行监督指导。

7.21.3.2 申报要求

（1）在安全设施"三同时"方面，符合下列条件之一的，按照分级属地管理的原则向区（县）、市级政府相关部门申报。

①经区、县级以上各级政府及其相关行政主管部门审批、核准或者备案的重大建设项目。

②市安全生产行政主管部门承担安全审查的危险化学品建设项目（包括危险化学品长输管道建设项目）。

③存在职业病危害严重的建设项目。

④国家法律、法规规定的其他项目。

（2）前款规定之外的其他建设项目，参照属地分级管理原则进行行业内管理。

（3）单位对可能产生职业病危害的建设项目委托具有相应资质的职业卫生技术服务机构进行预评价，根据评价结果分为职业病危害一般建设项目、职业病危害较严重建设项目和职业病危害严重建设项目。

7.21.3.3 集团安全生产职能部门分级管理

（1）建设项目"三同时"实行分级监督管理。

（2）重点和重大投资项目以及职业病危害严重建设项目的"三同时"由集团安全生产职能部门和相关行政主管部门实施监督管理。

（3）存在职业病危害的其他建设项目的"三同时"，按照国家和地方政府相关规定，由相关行政主管部门实施监督管理。

（4）其他项目，由单位安全生产职能部门分别实施监督管理。

7.21.3.4 需申报的"三同时"项目管理

7.21.3.4.1 安全预评价

在可行性研究阶段，应委托具有相应资质的评价机构进行安全预评价，并编制评价报告，经法律规定的审批部门审查、批准或备案后，将批复文件逐级上报集团安全生产职能部门备案。

7.21.3.4.2 安全设施设计审查

在初步设计阶段，委托有相应资质的设计单位对建设项目安全设施进行设计，编制安全设施设计；经法律规定的审批部门审查、批准或备案后，将批复文件逐级上报集团安全生产职能部门备案。

7.21.3.4.3 安全设施施工及试运行

（1）单位应严格按照批准或者备案的安全设施设计施工，并做好过程控制。

（2）项目施工过程中，如发现建设项目安全设施设计存在重大安全隐患时，应立即停止施工并报告生产经营单位进行整改。整改合格后，方可恢复施工。

（3）建设项目安全设施竣工后，单位应组织对其进行检验、检测，保证建设项目安全设施满足要求，并处于正常适用状态。

（4）建设项目建成后进行试生产（使用）的，单位应按照相关的法律、法规、规章和标准编制试生产（使用）方案，并按照相关要求进行申请或备案。

7.21.3.4.4 安全设施竣工验收

（1）建设项目安全设施竣工或者试运行完成后，单位应委托具有相应资质的评价机构进行安全设施验收评价，并向法律规定的各主管部门申请安全设施竣工验收。竣工验收得到批复后，应将批复文件逐级上报集团安全生产职能部门备案。

（2）对已进行试生产（使用）的，应对安全设施试生产（使用）情况一并进行评价。

（3）集团或单位在组织对建设项目进行总体竣工验收前，应严格审查建设项目安全设施的竣工验收情况。建设项目安全设施未验收合格的，禁止组织总体竣工验收，单位禁止投入生产和使用。

7.21.3.5 其他"三同时"项目管理

7.21.3.5.1 安全条件审查

单位在编制项目的技术方案或技术条件时，应同时提出安全生产要求，并经本单位安全生产职能部门审查、会签。

7.21.3.5.2 安全设施设计审查

单位的"三同时"项目中安全生产、职业卫生设施的设计（包括图纸设计和施工设计）应依法委托具备相应资质的设计单位进行，并经本单位安全生产职能部门审查、会签。

7.21.3.5.3 安全设施施工管理

（1）单位应按照审查、会签后的安全生产设计施工，做好过程控制。

（2）建设项目安全设施竣工后，单位应组织对其进行检验、检测，保证建设项目安全设施满足要求，并处于正常适用状态。

7.21.3.5.4 安全设施试运行及验收

（1）建设项目建成后进行试生产（使用）的，单位应组织编制相应操作规程（包括设备设施操作规程和安全技术操作规程）和维护规程。

（2）单位在组织建设项目竣工验收的同时，应组织安全生产职能部门对建设项目安全设施进行验收，建设项目安全设施未验收合格的，单位禁止投入生产和使用。对验收中发现的问题应认真落实整改，并经业务主管部门最终签字验收。

7.21.3.6 职业卫生设施"三同时"

（1）可能存在职业病危害的建设项目应委托具有职业卫生技术服务资质的机构进行职业病危害预评价，编制预评价报告，确定建设项目职业病危害类型。在初步设计阶段，委托具有相应资质的设计单位编制职业病防护设施设计专篇。建设项目完成后，应委托具有相应资质的职业卫生技术服务机构进行职业病危害控制效果评价，编制评价报告。

（2）单位按照职业病危害预评价报告中对建设项目职业病危害类型的分析结果，按照法律法规及其他要求进行职业病危害预评价报告、职业病防护设施设计、职业病危害控制效果评价报告等的备案或审核申请，以及建设项目职业病防护设施竣工验收的组织。

（3）对于职业危害严重建设项目，单位应将职业病危害预评价报告、职业病防护设施设计、职业病危害控制效果评价报告和职业病防护设施竣工验收等的批复文件，逐级上报到集团安全生产职能部门备案。

（4）对于职业病危害一般或轻微建设项目，单位应将建设项目职业病防护设施竣工验收批复文件逐级上报集团安全生产职能部门备案。

7.21.3.7 监督与考核

（1）单位应在收到政府安全生产行政主管部门"三同时"相关批复材料后10个工作日内，按本制度相关条款要求上报集团安全生产职能部门备案。

（2）集团战略规划部、经济运行部、财务预算部、安全生产职能部门等对单位重点和重大建设项目的程序合法合规性，"三同时"投资项目和费用的落实情况，安全生产和职业卫生评价情况，单位业务主管部门参与项目立项审查、可研审查、验收意见等方面进行督查。

（3）集团把建设项目安全生产、职业卫生设施"三同时"工作纳入对管理部门、单位的监察范围，对违反国家相关"三同时"法律法规及其他要求的责任单位和个人，将参照相关法律、法规的处罚条款进行处罚。

7.21.4 关联文件

无。

7.21.5 附件

无。

8

环境保护

8.1 环境监测实施细则

8.1.1 概述

8.1.1.1 目的

为规范集团环境监测管理工作,特制定本制度。

8.1.1.2 适用范围及有效性

本制度适用于上海电气集团股份有限公司及下属单位,上海电气(集团)总公司及下属单位参照执行。

8.1.1.3 缩写和定义

环境监测

是指环境质量监测、污染源监测、突发环境污染事件应急监测,以及为环境状况调查和评价等环境管理提供监测数据的其他环境监测活动。

8.1.1.4 本次调整内容

本版本为初始版本,根据《中华人民共和国环境保护法》和《上海市环境保护条例》等相关要求编制。

8.1.2 职责和授权

责任主体	职责和授权
集团	负责对下属单位环境监测情况进行监督检查
单位	负责实施本单位的环境监测

8.1.3 文件主要内容

8.1.3.1 总体要求

（1）集团环境保护职能部门职责包括：

①制定集团环境监测管理规章制度，组织集团环境监测网络建设。

②组织较大及以上环境污染事件的调查监测。

③组织下属单位环境监测培训与交流。

④统一对外提供集团环境监测数据。

（2）单位职责包括：

①贯彻落实集团相关环境监测管理规章制度。

②制订单位环境监测计划。

③组织单位环境监测工作。

④协助开展本单位环境污染事件的应急监测和调查。

8.1.3.2 环境监测项目与频次

（1）环境监测项目与频次应符合法律法规及相关要求。

（2）单位可根据污染源监控和污染治理设施运行的实际情况以及本单位实际生产情况增加监测项目、频次与指标。

（3）单位应委托有资质的环境监测机构开展环境监测，监测时应保证设备的正常开启和运转。

8.1.3.3 污染源在线监测系统

（1）单位应根据法律法规及相关要求，对重点污染源排放口安装自动监测设备，建立污染源自动监测设备台账，并与环境保护行政主管部门污染源在线监测系统联网。

（2）单位负责污染源在线监测系统的运行维护，开展污染源自动监测设备标定和抽检。此项工作也可委托有资质的单位实施。

（3）任何单位和个人禁止擅自拆除、闲置、改动污染源自动监测设备。污染源自动监控设施发生故障不能正常使用的，单位或者运营单位应在发生故障后12小时内向有管辖权的监督检查机构报告，并及时检修，保证在5个工作日内恢复正常运行。停运期间，单位或者运营单位应按相关规定，采用手工监测等方式，对污染物排放状况进行监测，并报送监测数据。

8.1.3.4 数据报告管理

（1）环境监测报告应按国家标准出具，由编制人、审核人和负责人签字，加盖公章后方有效。

（2）环境监测报告应至少保留 5 年。

8.1.3.5 奖惩

（1）单位环境监测工作纳入单位环境保护负责人年度履职考核，并作为环境保护先进集体评选条件之一。

（2）未经批准擅自披露环境监测数据，以及虚报、瞒报、拒报、伪造、篡改环境监测数据的，给予相应处分。

8.1.4 关联文件

制度文件名称	文件类型
环境监测项目与频次基础要求	表单

8.1.5 附件

无。

附件1 环境监测项目与频次基础要求

监测项目	适用范围	监测频次	参考指标	参考标准
废水	总排口工业废水排口	每季度	PH、SS、COD、BOD_5、OIL、NH_3-N、S	DB31/199 - 2009《上海市污水综合排放标准》DB31/445-2009《污水排入城镇下水道水质标准》
废气	锅炉废气	每半年	烟尘、二氧化硫、氮氧化物、林格曼黑度	DB31/387 - 2014《锅炉大气污染物排放标准》
	餐饮油烟	每半年	油烟排放浓度	DB31/844 - 2014《餐饮业油烟排放标准》

续　表

监测项目	适用范围	监测频次	参考指标	参考标准
噪声	厂界	每季度	厂界噪音	GB12348-2008《工业各单位厂界环境噪声排放标准》

8.2 清洁生产和清洁生产审核实施细则

8.2.1 概述

8.2.1.1 目的

为促进清洁生产，提高资源利用效率，减少和避免污染物的产生，保护和改善环境，保障人体健康，促进单位可持续发展，特制定本制度。

8.2.1.2 适用范围及有效性

本制度适用于上海电气集团股份有限公司及下属单位，上海电气（集团）总公司及下属单位参照执行。

8.2.1.3 缩写和定义

8.2.1.3.1 清洁生产

是指不断采取改进设计、使用清洁的能源和原料、采用先进的工艺技术与设备、改善管理、综合利用等措施，从源头削减污染，提高资源利用效率，减少或者避免生产、服务和产品使用过程中污染物的产生和排放。

8.2.1.3.2 清洁生产审核

是指按一定程序，对生产和服务过程进行调查和诊断，找出能耗高、物耗高、污染重的原因，提出减少有毒有害物料使用、产生、降低能耗、物耗以及废物产生的方案，进而选定技术经济及环境可行清洁生产方案的过程。

8.2.1.4 本次调整内容

本制度在 2014 年发布的《清洁生产和清洁生产审核管理规定》基础上进行格式调整，根据《中华人民共和国环境保护法》、《中华人民共和国清洁生产法》对内容进行修订。自本制度发布起，原《清洁生产和清洁生产审核管理规定》废止。

8.2.2 职责和授权

责任主体	职责和授权
集团	负责编制集团清洁生产审核实施方案，对下属单位清洁生产审核进行监督检查
单位	负责本单位的清洁生产创建及运行管理

8.2.3 文件主要内容

8.2.3.1 总体要求

（1）单位应对生产和服务实施清洁生产和清洁生产审核。

（2）单位应积极组织开展清洁生产的宣传和培训，培养清洁生产管理和技术人员。

（3）污染物排放超过国家和上海市规定的排放标准或者超过经市人民政府核定的污染物排放总量控制指标的单位，应实施清洁生产审核。

（4）使用有毒、有害原料进行生产或者在生产中排放有毒、有害物质的单位，应实施清洁生产审核，并将审核结果报告市环境保护行政主管部门。

8.2.3.2 开展清洁生产自愿审核的单位条件

（1）落户在上海市 104 个化工产业区块内的制造型单位。

（2）中心城区的商贸、旅游等服务型单位。

（3）已通过环境影响评价及环境保护设施"三同时"竣工验收、最近一年内未受过环保处罚的单位。

（4）两年内无关停并转等结构调整计划的单位。

8.2.3.3 自愿审核申报流程

（1）申报单位填写"××××年上海市清洁生产审核企业申报表"报

集团。

（2）集团初审确定并会商政府相关部门同意后，报送上海市推进清洁生产办公室。

8.2.3.4 清洁生产措施

（1）采用无毒、无害或低毒、低害原料，替代毒性大、危害严重原料。

（2）采用资源利用率高、污染物产生量少的工艺和设备，替代资源利用率低、污染物产生量多的工艺和设备。

（3）对生产过程中产生的废物、废水和余热等进行综合利用或循环使用。

（4）采用能够达到国家或者地方规定的污染物排放标准和污染物排放总量控制指标的污染防治技术。

（5）对产品进行合理包装，减少包装材料过度使用和包装性废物产生。

8.2.4 关联文件

无。

8.2.5 附件

无。

8.3 环境影响评价及环境保护设施"三同时"审批实施细则

8.3.1 概述

8.3.1.1 目的

为规范建设项目环境影响评价文件审批程序和加强建设项目的环保监督管理，严格执行污染防治设施与主体工程同时设计、同时施工、同时投入使用的原则，特制定本制度。

8.3.1.2 适用范围及有效性

本制度适用于上海电气集团股份有限公司及下属单位,上海电气(集团)总公司及下属单位参照执行。

8.3.1.3 缩写和定义

8.3.1.3.1 建设项目环境影响评价文件

是指建设项目环境影响报告书、环境影响报告表和环境影响登记表的统称。

8.3.1.3.2 环境影响评价

是指对区域的开发活动(由于土地的利用方式改变等)给环境质量带来的影响进行评价。

8.3.1.3.3 环境保护设施"三同时"

是指建设项目所需要配套建设的环境保护设施应与主体工程同时设计、同时施工、同时使用。

8.3.1.4 本次调整内容

本版本为初始版本,根据《中华人民共和国环境影响评价法》、《建设项目环境保护管理条例》等相关要求编制。

8.3.2 职责和授权

责任主体	职责和授权
集团	负责集团生产性建设项目环境影响评价及环境保护设施"三同时"工作,对下属单位"三同时"进行核审
产业集团、单位	负责本单位的生产性建设项目环境影响评价及环境保护设施"三同时"工作

8.3.3 文件主要内容

8.3.3.1 总体要求

(1)单位在新建、改建、扩建项目时,应依法提交建设项目环境影响评价审批报告,并与主体工程同时设计、同时施工、同时使用;未经批准,禁止擅自开工;未经验收,禁止投产。

(2)建设项目环境影响评价实现分级审批管理(执行《上海市建设项目环境影响评价分级管理规定》)。

（3）实行审批制的建设项目，建设单位应在报送可行性研究报告前报批环境影响评价文件。

（4）实行核准制的建设项目，建设单位应在提交项目申请报告前报批环境影响评价文件。

（5）实行备案制的建设项目，建设单位应在办理备案手续后和开工前报批环境影响评价文件。

（6）单位环境保护职能部门在改、扩、新建项目中负责环保"三同时"的监督、协调；参加设计审查，检查施工过程环保措施落实，配合办理项目各阶段的环保审批手续和组织环保设施的专项验收。

（7）集团实行重点污染物排放总量控制。集团环境保护管理职能部门负责集团总量审批；建设单位应报集团环境保护管理职能部门进行项目预审，并在收到政府部门的批准报告后10天内到集团环境保护管理职能部门备案；集团环境保护管理职能部门对集团环境保护项目"三同时"进行监督指导。

8.3.3.2 申请程序

（1）申请单位向市（或区、县）环境保护行政主管部门行政许可受理窗口提交申报资料前，应在集团环境保护职能部门进行污染物总量的控制审批。

（2）具体申报程序：

①申请单位向市（或区、县）环境保护行政主管部门行政许可受理窗口申报资料。

②环境保护行政主管部门审查。

③市（或区、县）环境保护行政主管部门做出决定。

④批准报告后10天内到集团环境保护职能部门备案。

（3）审查阶段需进行公众参与和听证的，参照相关规定实施。

8.3.3.3 申请审批基本条件

（1）建设项目的环境影响评价工作，由取得相应资格证书的单位承担。

（2）申请材料应具备以下基本条件：

①环境影响评价文件编制应符合《环境影响评价技术导则》以及相关

标准、技术规范的要求。

②建设项目应符合区域开发建设规划和环境功能区划的要求。

③建设项目应符合国家和本市产业政策。

④建设项目排放的污染物应符合现行的国家和本市的污染物总量控制要求。

⑤建设项目排放污染物应符合国家、行业和本市的污染物排放标准。

⑥建设项目应符合《清洁生产促进法》相关规定，优先采用原材料消耗低、污染物产生量少的清洁生产工艺，合理、节约利用自然资源。

⑦改建、扩建项目的环境影响评价文件应反映项目原有的环境状况，采取"以新带老"等措施，治理原有的污染源。

⑧建设项目应符合法律法规及相关要求。

8.3.3.4 申请材料

（1）环境影响报告书等文件（对周围环境可能造成较大影响或在环境敏感区建设的，应参照环境影响报告书的相关规定征求相关单位和公众的意见，提交情况说明等）。

（2）营业执照，法人证书或组织机构代码证；建设项目用地证明材料；地形图、总平面图、排污许可证；建设单位主管部门预审意见；建设单位相关环保措施承诺文件；纳入本市建设项目污染物总量控制实施范围的建设项目，应提供总量来源证明等。

（3）列入审批制的建设项目，应报送项目建议书批文；列入核准制的建设项目，应报送明确核准机关的相关证明材料；列入备案制的建设项目，应报送备案意见。

（4）法律、法规及相关要求的其他证明材料。

8.3.3.5 调整变更

（1）建设项目环境影响评价批准后，项目内容、性质、规模、地点、采用的生产工艺或防治污染、防止生态破坏的措施发生重大变化的，应重新进行报批环境影响评价文件。

（2）项目建设、运行过程中，不符合环境影响评价文件的，建设单位应组织环境影响的后评价，采取改进措施。

8.3.4 关联文件

无。

8.3.5 附件

无。

8.4 固体废弃物管理实施细则

8.4.1 概述

8.4.1.1 目的

为加强对固体废弃物的安全生产、环境保护管理，满足工业固体废弃物的处理处置需求，防止固体废弃物处置过程的环境风险，特制定本制度。

8.4.1.2 适用范围及有效性

本制度适用于上海电气集团股份有限公司及下属单位，上海电气（集团）总公司及下属单位参照执行。

8.4.1.3 缩写和定义

8.4.1.3.1 一般工业固体废弃物

是指在工业生产活动中产生的未被列入《国家危险废物名录》或者根据国家规定的鉴别标准和鉴别方法判定不具有危险特性的工业固体废物，以下简称为一般工业固废。

在工业企业办公活动中产生的固体废物应视为生活垃圾，应按照本市生活垃圾收运处理方式进行处理。

8.4.1.3.2 危险废物

是指根据国家统一规定的方法鉴别认定的具有毒性、易燃性、爆炸性、腐蚀性、化学反应性、传染性之一性质的，对人体健康和环境可能造成危害的固态、半固态和液态废物。

8.4.1.4 本次调整内容

本制度在 2012 年发布的《危险废物污染防治管理制度》基础上进行格式调整，根据《中华人民共和国安全生产法》、《中华人民共和国环境保护法》、《中华人民共和国固体废物污染环境防治法》、《放射性废物安全管理条例》、《上海市主要污染物排放许可证管理办法》、《上海市危险废物污染防治办法》、《上海市市容环境卫生管理条例》等对内容进行修订。自本制度发布起，原《危险废物管理安全管理制度》废止。

8.4.2 职责和授权

责任主体	职责和授权
集团	对单位固体废弃物安全生产、环境保护管理提出要求，对措施落实情况进行管理监督
单位	负责本单位固体废弃物的收集、储存、处置，并按要求备案

8.4.3 文件主要内容

8.4.3.1 总体原则

（1）一般工业固废产生单位应按照"减量化、资源化、无害化"的原则，加强一般工业固废的资源化利用和源头减量。

（2）危险废物实行"预防为主、集中控制、全过程管理和污染者承担治理"的防治原则，促进危险废物的减量化、资源化和无害化。

（3）危险废物产生单位负有防止和治理危险废物污染的责任和法律法规规定的其他责任。

8.4.3.2 一般工业固废管理

（1）单位应加强对一般工业固废的源头管理，根据不同处置去向进行分类贮存，禁止将危险废物、建筑垃圾混入到一般工业固废。

（2）一般工业固废贮存设施应符合《一般工业固体废物贮存、处置场污染控制标准》（GB 18599–2001）要求。

（3）单位应按照规定经常巡视、检查一般工业固废贮存设施，并建立一般工业固废管理台账。

8.4.3.3 一般工业固废处置

（1）单位对需处理处置的一般工业固废实行负面清单管理，对无法资源化利用的一般工业固废根据不同性质，实行分类处置。

（2）未列入负面清单管理的一般工业固废，可进入生活垃圾焚烧设施进行协同处置，物流走向与一般工业固废产生单位所在区域的生活垃圾处理处置流向一致。

（3）按照"谁产生、谁负责"的原则，一般工业固废产生单位可以选择生活垃圾收运单位收运一般工业固废，也可以自行委托其他单位收运或自行运输，并应负责监督运输单位运送到规范处理点。运输车辆应具备防渗漏、防洒落、防扬尘等功能，符合进入相关场地要求。

8.4.3.4 危险废物管理

（1）贮存、利用、处理、处置危险废物的专项建设项目，在申请取得建设工程规划许可证之前，应经过环境影响评价。环境影响评价的审批程序按照本市建设项目环境保护的相关管理规定办理。

（2）产生或者可能产生危险废物的新建、扩建、改建项目的建设单位，应遵守政府关于建设项目"三同时"规定。

（3）危险废物产生单位应采取清洁生产工艺，减少危险废物的产生。对所产生的危险废物应采取综合利用或者无害化处理措施，并建立危险废物污染防治的管理制度。

（4）危险废物产生单位应建造专用的危险废物储存设施，临时存放危险废物的场所，应符合法律法规及相关要求。

（5）常温常压下易爆、易燃及排出有毒气体的危险废物应进行预处理，使之稳定后储存，否则按易爆易燃危险品储存。

（6）常温常压下不水解、不挥发的固体危险废物可在储存设施内分别堆放。危险废物的堆放应符合国家标准。

（7）禁止将不相容（或相互反应）的危险废物在同一容器内混装，无法装入常用容器的危险废物可用防漏胶带等盛装。危险废物储存容器及盛装要求应符合法律法规及相关要求。

（8）贮存、利用、处理、处置危险废物的设施和场所，应按环境保护行政主管部门的规定设置统一的识别标志。

（9）单位应建立危险废物产生、贮存、处置等管理台账。

8.4.3.5 危险废物申报备案

（1）危险废物产生单位应向所在地的区、县环境保护行政主管部门申报危险废物的种类、数量、成分特征、排放方式，并提供污染防治设施和废物主要去向等资料。

（2）危险废物产生的种类、数量、成分特征、排放方式和主要去向等有重大变更时，应在变更的 3 个月前进行重新申报；难以确定的，应在变更后 30 日内履行补报手续。

8.4.3.6 危险废物转移

（1）危险废物产生单位是危险废物管理（转移）计划备案及转移联单运行主体。危险废物备案及转移联单（不包括跨省市转移）应到当地环境保护行政主管部门，并在网上进行申报和运行；涉密单位的危险废物备案及转移联单仍然采取纸质申报方式，统一到市固废管理中心办理。

（2）危险废物产生单位、接收单位在运出和收到危险废物后，应在 1 周内将"危险废物转移报告单"报送政府环境保护主管部门备案。

（3）在危险废物收集、运输之前，危险废物产生单位应根据危险废物的性质、形态，选择安全的包装材料、包装方式，并向承运单位和接受单位提供安全防护要求的说明。收集、运输、贮存危险废物，应按危险废物特性进行分类包装。

（4）危险废物产生单位在转移危险废物时，应将填写的"危险废物转移报告单"交承运单位，并由承运单位随同危险废物运交接受单位，接受单位与运输单位同时验收签章。

（5）危险废物运输时，相关单位应按照法律法规及相关要求执行，应有防泄漏、散逸、破损的措施，禁止使用载客的交通工具装运危险废物或者客货混装。

8.4.3.7 危险废物处置

（1）危险废物产生单位应将危险废物转移到取得许可证的单位或者场所，进行统一处置。暂不具备处置条件时，应按照环境保护职能部门的指导要求和相关技术要求予以妥善保存。

（2）对危险废物在收集、运输、贮存、利用、处理和处置过程中可能发生的事故，相关单位应制定相应的救援措施。

（3）危险废物在收集、运输、贮存、利用、处理和处置过程中发生污染事故或者其他突发性污染事件时，相关单位应立即采取防止或者减轻污染危害的措施，及时向可能受到污染危害的单位和居民通报情况，并向事故发生地的区、县环境保护部门和集团安全生产、环境保护职能部门报告。

（4）禁止将应统一贮存、利用、处理和处置的危险废物向未经许可的任何区域内排放、堆放或填埋。

（5）禁止将危险废物混入生活垃圾和其他废物中排放。

（6）禁止向自然保护区、水体、农田、下水道排放危险废物。

（7）向海洋倾倒危险废物，应遵守法律法规及相关要求。

8.4.3.8 放射性废物安全管理

放射性废物的处理、贮存和处置，应按法律法规及其他要求执行。

8.4.4 关联文件

无。

8.4.5 附件

附件序号	标题	页数
1	一般工业固体废物负面清单	1

附件1　一般工业固体废弃物负面清单

序号	废弃物名称	形态	来源描述
1	矿物型废弃物	固态	包括铸造型砂、金刚砂等矿物型废弃物
2	无机污泥	固态/半固态	指工业废水处理过程中产生的以无机质为主的污泥
3	工业粉尘	固态	各种除尘设施收集的工业粉尘（不包括粉煤灰，包括电子、汽车、冶金、机械加工、纺织等行业在生产作业中收集的各种粉尘）

续 表

序号	废弃物名称	形态	来源描述
4	金属氧化物废弃物	固态	铁、镁、铝等金属氧化物废弃物（包括铁泥）
5	盐泥	固态/半固态	制碱等工艺中产生的含盐废弃物，包括酸碱中产生的沉淀物

9
职业健康

9.1 职业病危害防护管理制度

9.1.1 概述

9.1.1.1 目的

为加强职业病危害防治，保障从业人员的职业健康，防范职业病的发生，特制定本制度。

9.1.1.2 适用范围及有效性

本制度适用于上海电气集团股份有限公司及下属单位，上海电气（集团）总公司及下属单位参照执行。

9.1.1.3 缩写和定义

无。

9.1.1.4 本次调整内容

本制度在 2012 年发布的《职业危害防治管理制度》基础上进行格式调整，根据《中华人民共和国安全生产法》、《中华人民共和国职业病防治法》对内容进行修订。自本制度发布起，原《职业危害防治管理制度》废止。

9.1.2 职责和授权

责任主体	职责和授权
单位	负责落实本单位职业病危害防治的各类资源配置；负责职业病危害因素劳动合同告知以及作业人员的职业健康体检、培训及个体防护；负责建立作业人员职业健康监护档案；负责职业病危害防护设备管理

9.1.3 文件主要内容

9.1.3.1 总体要求

（1）单位应建立健全职业病危害防治责任制和职业卫生管理网络，制订、完善职业病危害防治计划和实施方案；建立健全职业病危害防治制度和操作规程。

（2）单位应做好作业场所职业病危害因素监测、职业健康监护、职业卫生宣传教育及劳动防护检查考核、职业卫生隐患检查及治理等工作。

（3）单位职业病危害防治职能部门应建立健全并保存职业卫生相关档案或台账。

9.1.3.2 预防管理

（1）单位应将职业卫生和职业病防治工作所需经费列入单位年度财务预算。

（2）单位生产性建设项目应严格执行《生产性建设项目安全生产职业卫生设施"三同时"管理制度》。

（3）单位应保证作业场所符合国家职业卫生要求，禁止组织从业人员在职业病危害超标环境中作业。

（4）单位作业场所存在职业病目录所列职业病危害因素的，应向所在地安全生产行政主管部门申报。发生重大事项变化的，应按相关要求申报变更。

9.1.3.3 人员管理

（1）单位应为从业人员提供有效的职业病危害个体防护用品。

（2）与从业人员或劳务派遣单位签订、变更、续订合同时，应进行职业病危害因素告知。

（3）单位对从事接触职业病危害因素的从业人员，应组织上岗前、在岗期间和离岗时的职业健康检查并建立职业健康监护档案，检查结果应书面如实告知本人。禁止安排有职业禁忌的从业人员从事其所禁忌的作业。

（4）单位应对从业人员进行上岗前的职业卫生培训和在岗期间的定期职业卫生培训，普及职业卫生知识，督促从业人员遵守法律法规及相关要求，指导从业人员正确使用职业病防护设备和个体防护用品。

（5）相关方涉及职业病危害因素的，应纳入本单位职业卫生管理。

9.1.3.4 作业场所管理

（1）单位应组织开展职业卫生专项检查并落实整改。

（2）单位应做好职业病危害防护设施的配置、使用、维护和检查，确保处于正常状态，禁止不设置、擅自拆除或停止使用。

（3）单位应优先采用有利于防治职业危害和保护从业人员健康的新技术、新工艺、新设备、新材料，逐步替代职业危害严重的技术、工艺、设备、材料。

（4）存在职业病危害因素的单位，应委托具有相应资质的机构，每年至少进行一次职业病危害因素检测。职业病危害严重的单位，除职业病危害因素检测外，每三年至少进行一次职业危害现状评价。检测、评价结果存入本单位职业卫生管理档案，向安全生产行政主管部门报告并向从业人员公布。

（5）对产生职业病危害的作业场所，应按照法律法规及相关要求，在其醒目位置，设置警示标识和中文警示说明，公示检测结果。警示说明应载明产生职业病危害的种类、后果、预防以及应急救治措施等内容。

（6）对可能发生急性职业损伤的有毒、有害工作场所，应设置报警装置，配置现场急救用品。对放射工作场所和放射性物品的贮存，应配置防护设备和报警装置，接触人员应佩戴个人剂量计。

（7）发生急性职业中毒事故时，应按法律法规及相关要求，及时如实报告，并积极开展救援工作。

9.1.3.5 职业病管理

发现疑似职业病病人时，应及时向所在地卫生行政主管部门和安全生产行政主管部门报告。确诊为职业病的，还应向所在地劳动和社会保障部门报告。单位在报告政府相关部门的同时，应向集团安全生产职能部门报告。

9.1.4 关联文件

制度文件名称	文件类型
生产性建设项目安全生产职业卫生设施"三同时"管理制度	实施细则
劳动防护用品管理制度	实施细则
劳动合同安全监督管理实施细则	实施细则
生产安全事故隐患及环境污染隐患排查治理	制度
安全生产环境保护和职业病危害警示标志管理实施细则	实施细则
生产安全事故环境污染事件报告处理统计管理	制度

9.1.5 附件

无。

9.2 劳动防护用品管理制度

9.2.1 概述

9.2.1.1 目的

为加强劳动防护用品的监督管理，规范劳动防护用品的采购、验收、保管、发放、使用、报废处置等工作，保护从业人员在生产作业过程中免遭或减轻事故伤害和职业危害，特制定本制度。

9.2.1.2 适用范围及有效性

本制度适用于上海电气集团股份有限公司及下属单位，上海电气（集团）总公司及下属单位参照执行。

9.2.1.3 缩写和定义

9.2.1.3.1 劳动防护用品

是指由单位为从业人员配备的，使其在劳动过程中免遭或者减轻事故伤害及职业危害的个人防护装备。

9.2.1.3.2 供应商

是指劳动防护用品的供应商。

9.2.1.4 本次调整内容

本制度在 2012 年发布的《劳动防护用品配备和管理制度》基础上进行格式调整，根据《中华人民共和国安全生产法》、《中华人民共和国职业病防治法》、《上海市安全生产条例》对内容进行修订。自本制度发布起，原《劳动防护用品配备和管理制度》废止。

9.2.2 职责和授权

责任主体	职责和授权
集团	负责合格供应商的选择，建立《合格劳动防护用品供应商目录》，对供应商的资质、质量等进行审核；负责对劳动防护用品监督检查
单位	负责在集中采购平台下采购劳动防护用品；负责本单位劳动防护用品验收、保管、发放、使用、报废等工作

9.2.3 文件主要内容

9.2.3.1 总体要求

集团通过对供应商的资质、质量等审核，以招投标形式选择合格的供应商，制定《合格劳动防护用品供应商目录》，实行劳动防护用品的集中采购。

9.2.3.2 采购

单位应按规定从《合格劳动防护用品供应商目录》中选择供应商，采购所需劳动防护用品。

9.2.3.3 验收

（1）劳动防护用品的采购合同应明确数量、规格、技术内容等具体要求。

（2）采购的每件产品应具备产品合格证，至少应提供以下信息：产品名称或品牌标记、制造商、规格型号、生产日期、许可证编号。

（3）采购的特种劳动防护用品产品应具有"三证一标"（生产许可证、产品合格证、安全鉴定证和安全标志）。

（4）采购的劳动防护用品应经验收检查合格后方可入库和发放使用。

（5）单位应明确劳动防护用品验收人员，验收人员应按照国家和集团相关要求进行劳动防护用品验收。

（6）必要时，应进行抽样检测，并根据采购的品种和数量制定抽样检查的比例。没有检测条件的单位，可委托有法定资质的检验单位检测。

（7）验收记录应由经办人和审批人签字。检查记录表、批量检验报告、监督检验报告、单位自检报告等验收资料原件应予保存，并及时归档。

9.2.3.4 发放

（1）单位应按不低于法律法规及相关要求的标准，为从业人员提供劳动防护用品。

（2）单位应落实劳动防护用品专项经费，禁止以任何理由挤占、挪用。

（3）单位禁止以货币或者其他物品替代发放劳动防护用品。

（4）单位禁止以任何理由停发、减少劳动防护用品或延长其正常使用期限。

9.2.3.5 使用

（1）从业人员应遵守安全生产规章制度，按照劳动防护用品使用说明，正确佩戴和使用劳动防护用品；未按规定佩戴和使用劳动防护用品的，禁止上岗作业。

（2）单位应督促、教育从业人员正确佩戴和使用劳动防护用品，并定期检查和了解劳动防护用品使用情况。

（3）禁止使用不符合国家、行业标准或者已经失效的劳动防护用品。

9.2.3.6 保管

（1）单位应根据劳动防护用品特性和要求，选择合适场所储存、保管，并定期按规定抽验。

（2）单位应制定劳动防护用品储存、保管规定，确保劳动防护用品的名称、数量、进出和相关使用技术说明等信息数据正确完整。

9.2.3.7 报废、处置

（1）单位应制定劳动防护用品报废和处置制度，定期按规定抽验劳动防护用品。

（2）单位对功能失效或超过有效期的劳动防护用品，应及时清理，并按制度规定，由专人监督销毁。

（3）对销毁的劳动防护用品的品种、数量、来源、销毁原因等情况要进行详细记录，经办人员和监督人员签字后存档。严禁失效的劳动防护用品外流、使用。

9.2.3.8 监督

（1）集团应加强对合格劳动防护用品供应商招投标工作的组织管理。

（2）集团安全生产职能部门应加强对《合格劳动防护用品供应商目录》中供应商的监督检查。

9.2.4 关联文件

无。

9.2.5 附件

无。

9.3 女职工和未成年工劳动保护管理制度

9.3.1 概述

9.3.1.1 目的

为加强女职工和未成年工劳动保护，保护女职工和未成年工的人身健康，特制定本制度。

9.3.1.2 适用范围及有效性

本制度适用于上海电气集团股份有限公司及下属单位，上海电气（集团）总公司及下属单位参照执行。

9.3.1.3 缩写和定义

未成年工

是指年满十六周岁，未满十八周岁的从业人员。

9.3.1.4 本次调整内容

本制度在 2012 年发布的《女职工和未成年工劳动保护规定》基础上

进行格式调整，根据《女职工劳动保护特别规定》、《上海市女职工劳动保护》、《未成年工特殊保护规定》对内容进行修订。自本制度发布起，原《女职工和未成年工劳动保护规定》废止。

9.3.2 职责和授权

无。

9.3.3 文件主要内容

9.3.3.1 总体要求

（1）单位禁止安排女职工从事法律法规及相关规定中禁止的工作；禁止安排女职工在经期、孕期、产期、哺乳期中从事法律法规及相关规定中禁止的工作。

（2）单位应按照法律法规及相关要求，做好女职工在经期、孕期、产期、哺乳期的劳动保护。

9.3.3.2 其他特殊保护

（1）单位禁止以结婚、怀孕、生育、哺乳为理由，拒用、辞退女职工或降低其工资。

（2）在从业人员的定级、升级、工资调整等工作中，禁止歧视女性，坚持男女平等。

（3）禁止安排未育女职工从事使用铅、苯、汞、镉、二硫化碳的工作，以及超过卫生防护要求剂量当量极限值的放射性工作。

（4）对有害女职工身体健康的工作，车间应采取缩短工作日、轮班制、四班三运转等改变劳动组织的措施。

（5）单位每一至两年应安排女职工进行一次妇科疾病检查，费用由用人单位负担，检查时间视为劳动时间。

（6）单位应根据法律法规及相关要求，建立女职工卫生室、孕妇休息室、哺乳室等设施。

9.3.3.3 未成年工

（1）单位禁止招用未满十六周岁的未成年人，国家另有规定的除外。

（2）单位招用未成年工的，应执行法律法规及相关规定在工种、劳动时间、劳动强度和保护措施等方面的要求，禁止安排其从事过重、有毒、有害等危害未成年人身心健康的劳动或者危险作业。

9.3.4 关联文件

无。

9.3.5 附件

无。

9.4 防暑降温措施管理制度

9.4.1 概述

9.4.1.1 目的

为了加强高温作业、高温天气作业的劳动保护工作，保护从业人员人身健康，特制定本制度。

9.4.1.2 适用范围及有效性

本制度适用于上海电气集团股份有限公司及下属单位，上海电气（集团）总公司及下属单位参照执行。

9.4.1.3 缩写和定义

9.4.1.3.1 高温作业

是指高气温或有强烈的热辐射或伴有高气湿（相对湿度≥80% RH）相结合的异常作业条件、湿球黑球温度指数（WBGT指数）超过规定限值的作业。

9.4.1.3.2 高温天气

是指地市级以上气象主管部门下属气象台站向公众发布的日最高气温35℃以上的天气。

9.4.1.3.3 高温天气作业

是指用人单位在高温天气期间安排从业人员在高温自然气象环境下进行的作业。

9.4.1.4 本次调整内容

本制度在 2012 年发布的《防暑降温措施管理制度》基础上进行格式调整，根据《中华人民共和国安全生产法》、《中华人民共和国职业病防治法》、《中华人民共和国劳动法》、《防暑降温措施管理办法》、《上海市安全生产条例》对内容进行修订。自本制度发布起，原《防暑降温措施管理办法》废止。

9.4.2 职责和授权

责任主体	职责和授权
集团	负责对单位防暑降温提出管理要求并实施监督
单位	负责防暑降温措施的实施

9.4.3 文件主要内容

9.4.3.1 总体要求

（1）单位主要负责人对本单位的防暑降温工作全面负责。

（2）集团安全生产职能部门负责集团高温作业、高温天气作业劳动保护的监督管理。

（3）单位应建立健全防暑降温工作制度，采取有效措施，加强高温作业、高温天气作业劳动保护工作，确保从业人员人身健康和生命安全。

（4）单位应根据法律法规及相关规定，合理布局生产现场，改进生产工艺和操作流程，采用良好的隔热、通风、降温措施，保证作业场所符合国家职业卫生标准要求。

9.4.3.2 劳动保护措施

（1）单位应优先采用有利于控制高温的新技术、新工艺、新材料、新设备，从源头上降低或消除高温危害。对于生产过程中不能完全消除的高温危害，应采取综合控制措施，使其符合国家职业卫生标准要求。

（2）单位存在高温职业病危害的建设项目，应保证其设计符合国家职业卫生相关标准和卫生要求，高温防护设施应与主体工程同时设计，同时施工，同时投入生产使用。

（3）单位存在高温职业病危害的，应实施由专人负责的高温日常监测，并按照相关规定进行职业病危害因素检测、评价。

9.4.3.3 劳动保障

（1）在高温天气期间，单位应根据生产特点和具体条件，采取合理安排工作时间、轮换作业、适当增加高温工作环境下从业人员的休息时间和减轻劳动强度、减少高温时段室外作业等措施。

（2）单位应根据地市气象台当日发布的预报气温调整作业时间：

①日最高气温达到40℃以上（含40℃），应停止当日室外露天作业。

②日最高气温达到37℃以上（含37℃）、40℃以下时，单位全天安排从业人员室外露天作业时间禁止超过6小时，且在气温最高时段3小时内禁止安排室外露天作业。

③日最高气温达到35℃以上（含35℃）、37℃以下时，单位应采取换班轮休等方式，缩短从业人员连续作业时间，禁止安排室外露天作业从业人员加班。

（3）在高温天气来临之前，单位应对高温天气作业的从业人员进行健康检查，对患有心、肺、脑血管性疾病、肺结核、中枢神经系统疾病及其他身体状况不适合高温作业环境的从业人员，应调整作业岗位。

（4）单位禁止安排怀孕女职工在35℃以上的高温天气期间从事室外露天作业及温度在33℃以上的作业场所作业。

（5）因高温天气停止工作、缩短工作时间的，单位禁止扣除或降低从业人员工资。

（6）单位应为高温作业、高温天气作业的从业人员供给足够的、符合卫生标准的防暑降温饮料及必需的药品。禁止以发放钱物替代提供防暑降温饮料。防暑降温饮料禁止充抵高温津贴。

（7）单位应在高温工作环境下设立休息场所，并设有座椅，保持通风良好或者配有空调等防暑降温设施。

（8）单位应制定高温中暑应急预案，定期进行应急救援的演习，并根据从事高温作业和高温天气作业的从业人员数量及作业条件等情况，配备中暑应急救援人员和足量的急救药品。

（9）从业人员出现中暑症状时，所在单位应立即对中暑从业人员采取救助措施，使其迅速脱离高温环境，到通风阴凉处休息，并给予防暑降温饮料及对症处理措施；病情严重者，单位应及时送医疗卫生机构治疗。

（10）单位安排从业人员在35℃以上高温天气从事室外露天作业以及不能采取有效措施将作业场所温度降低到33℃以下的，应向从业人员发放高温津贴，并纳入工资总额。高温津贴标准每年由市劳动保障行政部门会同相关部门制定，单位禁止低于此标准。

（11）从业人员因高温作业或高温天气作业引起中暑的，经诊断为职业病或认定为工伤的，享受工伤保险待遇。

（12）工会组织依法对本单位的防暑降温措施的落实情况实行监督。发现违法行为，工会组织有权向本单位提出，单位应及时改正。单位拒不改正的，工会组织应提请相关部门依法处理，并对处理结果进行监督。

9.4.4 关联文件

无。

9.4.5 附件

无。

10
专项管理

10.1 工厂交通安全管理制度

10.1.1 概述

10.1.1.1 目的

为了规范厂内交通安全管理工作，预防和减少厂内交通事故，确保生产经营、物流运输、公务活动等安全运行，特制定本制度。

10.1.1.2 适用范围及有效性

本制度适用于上海电气集团股份有限公司及下属单位，上海电气（集团）总公司及下属单位参照执行。

10.1.1.3 缩写和定义

10.1.1.3.1 厂内机动车辆

是指在厂内作业区域内行驶，由动力装置驱动或牵引，最大行驶速度（设计值）大于5公里/小时或具有起升、回转、翻转等工作装置的机动车辆。

10.1.1.3.2 厂内交通车辆

包括厂内机动车辆、职工班车、职工私家车及其他机动车辆。

10.1.1.4 本次调整内容

本制度在2012年发布的《厂内交通安全管理制度》基础上进行格式调整，根据《中华人民共和国特种设备安全法》、《中华人民共和国道路交通安全法》对内容进行修订。自本制度发布起，原《厂内交通安全管理制度》废止。

10.1.2 职责和授权

责任主体	职责和授权
单位	负责厂内交通安全管理、监督、检查和考核等；负责厂内机动车辆登记、维修、保养等管理

10.1.3 文件主要内容

10.1.3.1 总体要求

单位应建立健全厂内交通安全管理制度，落实培训、检查、应急救援等方面措施，确保厂内道路交通安全。

10.1.3.2 厂内机动车辆安全要求

（1）单位厂内机动车辆技术状况应符合法律法规及相关规定，安全装置完善可靠，并应逐台建立安全技术管理档案。各使用部门应建立健全岗位安全责任、安全操作规程等制度，并指定专人进行管理。

（2）新增以及经大修或者改造的厂内机动车辆，投入使用前，应到相关行政部门办理登记，建立车辆档案，并进行安全技术检验，合格核发牌照后方可使用。厂内机动车辆应按照规定实行维护和日常保养，每年至少进行一次安全技术检验，并做好记录。

（3）达到报废标准的机动车辆，应及时办理注销登记。

10.1.3.3 厂内机动车辆驾驶人员安全要求

（1）厂内机动车辆驾驶人员，应经过专门培训，考试合格并取得驾驶证（操作证）方可驾驶与驾驶证相符的机动车辆，禁止无证驾驶。驾驶人员应随身携带驾驶证，禁止将车辆交给无驾驶证的人驾驶。

（2）驾驶人员驾驶厂内机动车辆，应遵守厂区内划分的交通标志和交通标线的指示行驶和停靠。厂内专用机动车辆禁止驾驶出厂。

（3）凡无副驾驶员座位的叉车、电瓶搬运车等禁止携带人员行驶，行驶时装运货物禁止阻碍驾驶员视线。

（4）在无划分交通标志和交通标线的厂区道路上行驶时，机动车辆在中间行驶，非机动车和行人靠右边行驶。机动车辆行驶时遇有非机动车和行人横过车道时应停车或减速让行。

10.1.3.4 厂内道路安全要求

（1）厂区主要通道要设立明显的交通标志，车辆停放不能影响厂区交通安全，且禁止在厂大门周围 20m、车间进出口周围 10m 内以及消防通道的拐弯处停放。

（2）厂区交通限速为 15km/h，叉车禁止超过 10km/h；厂区门口、转角处、十字路口、危险路段、进入车间的机动车辆禁止超过 5km/h，叉车禁止超过 3km/h。

（3）厂区道路应保持平整、完好，厂区植树、绿化和架空管道禁止妨碍机动车辆正常通行。在厂区道路的交叉路口、跨越道路的架空设施、厂房机动车辆出入口等重要路段处，应设置必要的反光镜、限高标志、限速标志等交通安全设施或标志。

（4）厂区道路实施养护、维修时，施工单位应在施工路段设置必要的安全警示标志和安全防护设施。厂区主要道路断路施工，应到安全生产、环境保护职能部门办理手续。

（5）所有进出厂区的机动车辆应接受门卫管理人员的检查和登记。

10.1.3.5 行人道路安全要求

（1）行人靠道路右侧行走，严禁与其他机动车抢道。

（2）行人在厂区内过马路前，应观察路口情况，确认安全后再过马路。

10.1.3.6 班车安全要求

（1）班车驾驶员应有同车型三年以上（含三年）驾龄。

（2）班车禁止超限行驶（在高速公路行驶限速 80km/h）。

（3）班车应设置车长，并以 AB 角设置；车长按"不准超员、不准携带危化品、不准违章驾驶"等规定要求进行监督管控，对驾驶员"一程一检"记录情况进行监督和确认。

（4）班车应安装 GPS、限速装置和保险带（每座一带）；并配置消防器材、逃生锤和急救箱等。

（5）班车行车路线经单位研究后确定，禁止随意变动，如需变动应报请单位研究确认后方可实施。

（6）单位应完善班车突发事故紧急处置预案，并定期开展预案演练。

10.1.3.7 职工私家车安全要求

（1）职工应持相关证件到单位安全保卫部门进行登记备案，经审核后，予以发放车辆出入证。

（2）进入厂区后，按规定指示路线、规定车速行驶，按规定停车点停车。

10.1.3.8 事故报告和调查处理

（1）发生厂内交通事故后，当事人在做好现场保护、及时抢救伤员和企业财产的同时，应立即向本单位安全生产职能部门和相关领导报告。

（2）单位应根据事故具体情况，向政府相关部门和集团报告。厂内专用机动车辆发生事故的，应报告当地负有特种设备安全监督职能的行政主管部门和安全生产行政主管部门。其他厂内机动车辆发生事故的，应报告当地负有交通管理职责的行政主管部门和安全生产行政主管部门。

（3）事故发生后，事故单位主要负责人应及时赶赴现场，采取必要的措施防止事态扩大。轻伤事故，由事发单位自行组织进行调查处理；重伤以上事故，由事发单位配合政府相关部门做好事故调查处理。

10.1.4 关联文件

制度文件名称	文件类型
安全生产环境保护应急管理	制度

10.1.5 附件

无。

10.2 消防安全管理制度

10.2.1 概述

10.2.1.1 目的

为加强消防安全管理，预防和减少火灾事故的发生，保障员工生命和财产安全，特制定本制度。

10.2.1.2 适用范围及有效性

本制度适用于上海电气集团股份有限公司及下属单位，上海电气（集团）总公司及下属单位参照执行。

10.2.1.3 缩写和定义

消防设施、器材

是指火灾自动报警系统、自动灭火系统、消火栓系统、防烟排烟系统以及应急广播和应急照明、安全疏散设施等。

10.2.1.4 本次调整内容

本制度在2012年发布的《消防安全管理制度》基础上进行格式调整，根据《中华人民共和国安全生产法》、《中华人民共和国消防法》、《机关、团体、企业、事业单位消防安全管理规定》、《上海市消防条例》等相关要求，对内容进行修订。自本制度发布起，原《消防安全管理制度》废止。

10.2.2 职责和授权

责任主体	职责和授权
集团	负责对单位消防安全提出管理要求并实施监督
单位	负责消防安全措施的实施

10.2.3 文件主要内容

10.2.3.1 总体要求

（1）消防工作坚持"预防为主、防消结合"的方针，坚持"谁主管、谁负责；谁在岗、谁负责"的原则，实行责任制管理，履行消防安全职责。

（2）单位应建立健全消防安全制度，落实各级岗位消防安全责任制，确定各级岗位的消防安全责任人，并予以公布。

（3）单位应将消防安全工作纳入本单位安全生产工作的整体部署，进行统一考核。

10.2.3.2 组织管理

（1）集团建立由主要领导负责、相关部门参加的防火安全委员会，防火委员会下设办公室，办公室的日常工作由集团安全生产、环境保护职能部门负责。主要职责是：

①负责贯彻执行国家和地方各级政府关于消防工作的方针、政策及相关法律法规，制定修订集团消防安全管理制度，对单位和重点防火单位贯彻执行消防工作管理制度的情况进行监督、检查与考核。

②负责组织与单位签订消防安全责任书，并指导与监督逐级消防安全责任制的落实。

③组织防火检查，督促整改火险隐患，配合公安消防部门调查处理火灾事故。

（2）单位主要负责人为本单位消防安全第一责任人，全面负责所在单位的消防安全工作。其主要职责是：

①贯彻执行消防法规，保证单位防火安全符合要求。

②批准消防工作计划，保证防火安全投入的有效实施。

③批准实施防火安全制度和保障消防安全的操作规程。

④逐级建立防火安全体系，督促落实逐级防火安全责任。

⑤及时处理防火安全的重大问题，组织处理火灾事故。

（3）分管消防安全工作的副职为本单位消防安全直接责任人，负责抓好本单位的日常消防安全工作。主要职责是：

①制定和完善内部消防工作管理制度、消防安全操作规程、消防安全重点部位的灭火和应急疏散预案，逐级签订消防安全责任书。

②积极组织和参加集团及上级消防部门组织的消防安全培训。加强对本单位职工的日常消防安全教育，保证从事易燃、易爆等防火重点岗位的

人员持证上岗。

③负责按规定配置本单位消防设施和器材，在重点防火部位设置消防安全标志，并定期组织检验、维修，确保完好有效。

④根据消防法律法规的规定建立专职或义务消防队，定期组织训练。

⑤负责进行日常的防火检查，及时消除火险隐患，确保消防安全。

（4）单位应确定消防工作的管理责任部门或专兼职消防安全管理员，并明确其职责。

10.2.3.3 建设工程消防安全

（1）各级单位涉及的建设工程项目，应符合国家工程建设消防技术标准。

（2）单位的新、改、扩建（内部装修）项目涉及的图纸及技术资料，应按要求报公安机关消防机构进行消防设计审核、竣工验收或备案。

（3）建设项目应严格按照批准的图纸及技术规范组织施工，禁止擅自变更。确需变更时，应经原审批单位同意。

（4）施工现场的消防安全工作，由施工单位负责，建设单位予以协助，在合同中应明确双方的职责和责任。

10.2.3.4 群体性活动消防安全

举行重大群体性活动时，主办单位应在举办前十日内将制定的活动方案、防灭火应急、疏散预案及消防安全措施报送相关负责部门审查，合格后方可举办。

10.2.3.5 生产区域消防安全

（1）单位应根据消防法律法规及相关规定，明确专（兼）职消防安全管理员，组建义务消防队，配备相应的消防装备、器材，组织消防业务学习和灭火技能训练，提高自防自救能力。

（2）单位应保障疏散通道、安全出口畅通，并设置符合国家规定的消防安全疏散指示标志，保证相关消防安全设施和器材处于完好状态。

10.2.3.6 防火重点单位（部位）消防安全

（1）防火重点单位（部位）应按规定设置明显的消防安全标志，保证消防设施齐全，消防通道畅通。

（2）禁止在防火重点单位（部位）及易燃易爆区域焚烧可燃物品，随意动火或进行电、气焊作业、使用电（火）炉取暖等。

（3）防火重点单位应建立健全消防档案。消防档案应翔实，全面反映单位消防工作的基本情况，并附有必要的图表，根据情况变化及时更新。

（4）实行每日防火巡查并建立巡查记录。

10.2.3.7 消防设施、器材的配备与管理

（1）单位应按照法律法规及相关要求配置消防设施和器材，并定期对消火栓、灭火器等消防设施和器材进行维护保养和检查维修，实行规范化管理。

（2）任何单位和个人禁止损坏或擅自挪用、拆除消防设施和器材，禁止圈占和埋压消火栓，禁止占用防火间距，禁止封闭安全出口，禁止堵塞防火通道。

10.2.3.8 消防培训与演练

（1）单位应开展经常性的消防安全宣传教育，使职工达到"四懂四会"（即：懂本岗位的火灾危险性、懂本岗位的防火措施、懂本岗位的灭火方法、懂组织疏散逃生办法；会报警、会使用灭火器材、会扑救初期火灾、会自救逃生）。

（2）特殊工种应经专门培训，持证上岗。

（3）对外来施工人员在开工前应进行消防安全培训。

（4）对新上岗和进入新岗位的职工应进行上岗前的消防安全培训。

（5）消防安全重点单位至少每半年进行一次演练。其他单位至少每年组织一次演练。

（6）发生火灾后，按照"四不放过"原则对相关人员组织消防安全培训。

10.2.3.9 防火检查与隐患整改

（1）单位的消防管理员要坚持每日巡查，及时纠正违章现象，发现火险隐患要及时督促整改。

（2）消防职能部门要定期组织安全大检查和重点抽查，对一般火险隐患要及时下发火险隐患整改通知书，限期整改，对重大火险隐患要及时下发重大火险隐患通知书并向防火委员会报告，在未整改之前要采取严密的防范措施。

（3）防火检查应认真填写检查记录，相关消防安全责任人要在记录上签字，存档备查。

（4）单位在收到火险隐患通知单后，要认真研究落实整改措施，并将整改情况及时反馈到消防负责部门。

10.2.3.10 火灾报警、扑救及事故调查

（1）预防、报告和扑救火灾是职工应尽的义务和责任，任何单位和个人都有权利检举、控告、制止危害集团公共消防设施和消防安全的行为。

（2）任何人发现火灾都有义务迅速报警，任何单位或个人都应为报警提供方便。火警电话：119。单位或个人在报火警的同时，应立即报告本单位和上级单位的消防安全负责人。发生火灾的单位应根据实际情况，组织力量扑救火灾，抢救人员和疏散物资。

（3）火灾扑灭后，失火单位应协助上级消防部门和上级单位消防负责部门保护火灾现场，调查火灾原因，核实火灾损失。任何单位和个人禁止擅自清理火灾现场，移动现场物品。

10.2.3.11 考核与奖惩

（1）各级单位消防职能部门应定期组织防火检查，消除火险隐患，对发现的消防安全违规行为，应及时制止、限期整改，必要时给予相应处罚。

（2）单位应加强日常消防管理，把消防安全工作纳入经济责任制考核体系，并作为年终考核、评比的重要依据。

10.2.4 关联文件

无。

10.2.5 附件

无。

10.3 防汛防台管理制度

10.3.1 概述

10.3.1.1 目的

为进一步做好防汛防台工作，保障汛、台期间员工生命和单位财产安全，特制定本制度。

10.3.1.2 适用范围及有效性

本制度适用于上海电气集团股份有限公司及下属单位，上海电气（集团）总公司及下属单位参照执行。

10.3.1.3 缩写和定义

10.3.1.3.1 防汛防台

是指由于台风、潮汛（或风暴潮三碰头）导致设备设施破坏等影响到本部门正常生产和职工生命安全的灾害性事件。

10.3.1.3.2 防汛分级应急预警和响应

是指按照突发事件（台风、潮汛、风暴潮）发生的紧急程度、发展势态和可能造成的危害程度，预警级别分为Ⅰ级、Ⅱ级、Ⅲ级和Ⅳ级，颜色分别用红色、橙色、黄色和蓝色标示，Ⅰ级或红色为最高级别。

10.3.1.4 本次调整内容

本制度在 2012 年发布的《防汛防台管理制度》基础上进行格式调整，根据《中华人民共和国安全生产法》、《中华人民共和国突发事件应对法》、《中华人民共和国防洪法》、《上海市安全生产条例》、《上海市防汛条例》、《上海市防汛防台专项应急预案》对内容进行修订。自本制度发布起，原《防汛防台管理制度》废止。

10.3.2 职责和授权

责任主体	职责和授权
集团	负责对单位防汛防台提出管理要求并实施监督
单位	负责防汛防台措施的实施

10.3.3 文件主要内容

10.3.3.1 组织机构与职责

（1）集团和单位应成立防汛防台领导小组和工作小组。

（2）集团领导小组组长由集团分管安全的副总裁担任，成员由安全生产、环境保护职能部门、经济运行部、财务部等部门负责人员组成。集团工作小组组长由安全生产、环境保护职能部门领导担任。

（3）单位领导小组组长由单位主要负责人担任，成员由安全生产、环境保护职能部门、设备管理和保障职能部门、财务部门、保卫部门、医疗救治部门、工会、生产制造部门、物流部门等部门负责人员组成。工作小组组长由安全生产、环境保护职能部门领导担任。

10.3.3.2 应急预案管理

（1）集团及下属单位应制定防汛防台专项应急预案，明确在市防汛指挥部及相关部门发布不同级别的预警信息（蓝、黄、橙、红或Ⅳ、Ⅲ、Ⅱ、Ⅰ）和进入不同级别应急响应状态时，各自具体的应急指挥、应急处置和应急保障方案。

（2）单位应建立防汛防台专项应急预案，上报上级部门备案，根据实际情况对预案进行及时更新完善。对于已纳入地区、集团防汛防台重点管理的单位，应重点进行管理。

（3）单位应规范人员、物资、材料准备工作，定期检查补充物资装备，每年至少组织一次防汛防台应急救援预案演练。专业抢险队伍应针对负责区域易发的各类险情，进行有针对性的抢险演练。

（4）单位应建立专（兼）职防汛防台应急救援队伍，配备必要的应急装备、物资，危险作业应有专人监护。

10.3.3.3 预防措施

（1）每年进入汛期前，单位应组织开展全方位、全覆盖的防汛防台安全检查，及时消除各种隐患；安全生产、环境保护职能部门对防汛防台做重点督查。检查重点为：

①海塘、江堤、防汛墙、水闸泵站。重点检查日常巡查制度、险工险

段预案落实情况，检查墙体、设施设备养护运行情况。

②排水设施。重点检查排水泵站、排水管网运转、疏通和养护情况。

③地下空间及高空构筑物等设施。重点检查各类地下空间、地道防雨水、潮水倒灌及排水措施落实情况；检查高空构筑物、广告牌、塔吊、脚手架和玻璃幕墙等方面的防风加固情况。

④在建工程。重点检查施工工地度汛措施和预案制定落实情况，检查工棚加固情况，以及工地对周边地区防汛排水的影响。

⑤防汛抢险物资和队伍。重点检查防汛物资和抢险队伍落实情况。

⑥应急救援设备、设施。应定期检测、维护，使其处于良好状态。

（2）汛期，单位防汛防台工作机构应实行24小时值班制度，部门和单位的主要负责人应到岗值班，负责本部门或者本单位防汛抢险的指挥，并加强监督检查，全程跟踪风情、雨情、水情、工情、灾情，并根据不同预警等级进行应急响应。

10.3.3.4 防汛防台防御要求

（1）避险要求：在发现直接危及人身安全的紧急情况时停止作业，或在采取可能的应急措施后撤离作业场所。

（2）防汛墙防守及抢险要求：单位段防汛墙由所在单位负责防守。一旦发生溃决、漫溢、渗漏等险情，要立即组织力量封堵，排水泵站要全力抢排，保持与地方政府防汛防台指挥机构的联系，必要时求助社会力量抢险。

（3）排水（排涝）要求：单位内排涝由单位自行负责，并根据防汛防台预警信号，提前做好"预排、预降"工作。事先组织好抢险队伍，一旦出现积水，应采取措施抢排。

（4）地下工程设施要求：地下设施的防汛由所在单位及其相关主管部门负责，防止雨水倒灌。一旦出现雨水倒灌，要及时果断处置，按预案组织人员疏散及抢险。

（5）绿化抢险要求：一旦发生行道树倾斜或倒伏险情，由所在单位实施抢险。

（6）其他要求：对单位管辖范围内的户外广告、外置设备、旧危房等，应由所在单位负责。

10.3.3.5 工作总结

（1）汛期结束或台风过后，单位应组织对可能受到影响的相关构筑物、设备设施、电气线路等进行检查，对于发现的隐患及时整改。

（2）单位应全面总结防汛防台工作不足和成功之处，根据总结及时改进相关工作和应急预案。

（3）单位应每年对防汛防台应急预案、应急投入、应急准备、应急处置与救援等工作进行总结评估，及时总结和改进应急预案。

10.3.4 关联文件

无。

10.3.5 附件

无。

10.4 餐饮场所卫生安全管理制度

10.4.1 概述

10.4.1.1 目的

为加强对餐饮服务场所食品卫生安全的监督管理，防止食物中毒事故和食源性疾患发生，保证从业人员的身体健康和生命安全，特制定本制度。

10.4.1.2 适用范围及有效性

本制度适用于上海电气集团股份有限公司及下属单位，上海电气（集团）总公司及下属单位参照执行。

10.4.1.3 缩写和定义

无。

10.4.1.4 本次调整内容

本版本为初始版本，根据《中华人民共和国食品安全法》、《食品经营许可管理办法》、《餐饮业卫生规范》等相关要求编制。

10.4.2 职责和授权

责任主体	职责和授权
集团	负责对单位餐饮场所卫生安全管理提出要求，对下属单位落实措施情况进行管理监督
单位	负责本单位餐饮场所卫生安全管理

10.4.3 文件主要内容

10.4.3.1 总体要求

（1）进行食品加工作业的职工食堂等餐饮服务场所的单位应取得食品经营许可证。食品经营许可证正本应悬挂或摆放于餐饮服务场所的显著位置。

（2）外部配送食品的，配送单位应具备有效的工商营业执照和食品经营许可证，且主体业态和经营项目须符合食品经营许可范围。

（3）食品生产、餐饮服务用水应符合国家规定的生活饮用水卫生标准。

（4）食品生产、餐饮服务场所的新建、改建、扩建应经卫生行政部门审核和竣工验收。

（5）食品生产、餐饮服务活动中使用的洗涤剂、消毒剂应符合法律法规及相关要求。

10.4.3.2 管理机构

（1）单位主要负责人是食品卫生安全的第一责任人，应对餐饮服务场所的卫生安全全面负责，责成相关职能部门落实管理监督。

（2）单位应设立与餐饮服务能力相适应的食品安全管理机构，配备专职或者兼职的食品安全管理人员；建立健全保证食品卫生安全的规章制度。管理制度主要包括：从业人员健康管理和培训管理制度，加工经营场所及设施设备清洁、消毒和维修保养制度，食品及相关产品采购索证索票、进货查验和台账记录制度，关键环节操作规程，餐厨废弃物处置管理制度，食品安全事故预防、应急处置方案和事故报告制度等。

（3）单位应定期开展卫生安全知识培训，加强卫生安全工作检查，依法从事食品生产、餐饮服务活动。

10.4.3.3 健康管理

（1）从事食品生产、餐饮服务的人员应经健康检查，取得健康合格证明后方可上岗。每年进行健康检查，必要时应接受临时性检查。

（2）患有碍食品安全疾病的人员，禁止从事接触直接入口食品的工作。

（3）发现从业人员出现发热、腹泻、皮肤伤口或感染、咽部炎症等有碍食品卫生病症的，应立即脱离工作岗位，待查明原因、排除病症或治愈后，方可重新上岗。

（4）集中配送的食品，从事膳食分装、发放的人员应每年进行健康检查，并取得健康合格证明。

（5）应建立从业人员健康档案。

10.4.3.4 食品生产、加工的设备、设施

（1）食品生产场所应符合《上海市集体用餐配送单位生产加工经营场地、设施设备要求》。

（2）设备的安置位置应便于操作、清洁、维护和防止交叉污染。

（3）用于食品生产的设备、工具使用后应清洗干净，接触直接入口食品的须进行消毒。设备、工具禁止用作与食品生产无关的用途。

（4）采用化学消毒的设备和工具，消毒后应清洗彻底。

（5）清洗消毒时应注意防止污染食品和食品接触面。

（6）应建立食品生产设备、设施、工具的清洁制度。

（7）食品热加工场所应采用机械排风。产生油烟或大量蒸汽的设备，应加设附有机械排风及油烟净化的排气装置，确保油烟达标排放。

（8）油烟净化等设施应定期进行清洗、更换，并建立记录台账。

10.4.3.5 用餐场所

（1）地面应清洁无杂物，桌椅应安放稳固并保持清洁，门窗要经常擦洗，做到四壁无尘、清净舒适。

（2）用餐场所内禁止存放化学品和其他杂物。场所周围的垃圾污水应经常清除。对残肴骨渣等餐余废物要及时清理。抹布、扫帚等清洁用具应定点存放于专用房内。

（3）饭堂、通道等用餐场所区域应采取有效措施进行灭蝇、灭鼠、灭蟑螂等。

10.4.3.6 采购和贮存

（1）应制定食品及相关产品采购的进货查验和索证索票制度，建立相关记录台账。

（2）采购的食品及相关产品应符合国家相关食品安全标准和规定的相关要求，禁止采购《中华人民共和国食品安全法》禁止生产经营的食品和《中华人民共和国农产品质量安全法》规定禁止销售的食用农产品。

（3）禁止向无证商贩采购食品原料、半成品或者食用农产品。

（4）贮存食品及相关产品的场所、设备应保持清洁，禁止存放有毒有害物品及个人生活用品。

（5）贮存食品及相关产品应分类、分架，并定期检查。使用时应按照先进先出原则。变质和过期食品应及时清除。

（6）冷藏、冷冻柜（库）应有明显区分标识。冷藏、冷冻贮存的食品应做到原料、半成品、成品严格分开，禁止在同一冰室内存放。植物性食品、动物性食品和水产品应分类冷藏、冷冻。

（7）按规定做好验收入库、领用出库的记录台账。

10.4.3.7 食品加工

10.4.3.7.1 食品预处理

（1）应认真检查待加工食品，禁止使用有腐败变质迹象或者其他感官性状异常的食品。

（2）使用前应洗净，动物性食品、植物性食品、水产品原料应分池清洗，禽蛋在使用前应对外壳进行清洗，必要时进行消毒。

（3）易腐食品应尽量缩短在常温下的存放时间，加工后应及时使用或冷藏、冷冻保藏。

（4）切配好的半成品应与原料分开存放，并依据性质分类存放。

（5）切配好的食品应按照加工操作规程，在规定时间内使用。

（6）禁止将已盛装食品的容器直接置于地上，防止食品受到污染。

10.4.3.7.2 食品热加工（烹制）

（1）熟制加工的食品应烧熟煮透，加工后的成品应与半成品、原料分开存放。盛放食品的容器禁止直接置于地上。

（2）需要冷藏的熟制品，应尽快冷却后再冷藏，冷却宜在清洁操作区进行，并记录加工时间等。

（3）禁止将回收后的食品（包括原料）经烹饪加工后再次供应。

（4）菜点用的围边、盘花应保证清洁新鲜、无腐败变质，禁止回收后再使用。

10.4.3.7.3 食品冷加工（凉菜配制）

（1）专间内应由专人加工制作，非操作人员禁止擅自进入专间。

（2）专间每餐（或每次）使用前应进行空气和操作台的消毒。

（3）专间内应使用专用的设备、工具、容器，用前应消毒，用后应洗净并保持清洁。

（4）供配制凉菜用的食品原料，未经清洗处理干净，禁止带入凉菜间。

（5）尚需使用的剩余凉菜应存放于专用冰箱中冷藏或冷冻，食用前应按规定要求加热。

10.4.3.8 食品留样

（1）每餐次的食品成品应留样。

（2）留样食品应按品种分别盛放于清洗消毒后的密闭专用容器内，并放置在专用冷藏设施中，在冷藏条件下存放48小时以上。每个品种留样量应满足检验需要，不少于100g，并记录留样食品名称、留样量、留样时间、留样人员、审核人员等。

10.4.3.9 餐具

（1）餐饮具应符合食品安全法律法规及相关要求。

（2）餐饮具使用后应及时洗净，定位存放，保持清洁。消毒后的餐饮具应贮存在专用保洁设施内备用，保洁设施应有明显标识。餐饮具保洁设施应定期清洗，保持洁净。

（3）接触直接入口食品的餐饮具应按规定洗净并消毒。餐饮具消毒后应符合《食（饮）具消毒卫生标准》（GB14934）规定。

（4）一次性餐饮具禁止重复使用。

（5）已消毒和未消毒的餐饮具应分开存放，保洁设施内禁止存放其他物品。

（6）购置、使用集中消毒企业供应的餐具、饮具，应查验其经营资质，索取消毒合格凭证。

10.4.3.10 餐厨废物处置

（1）食品加工、餐具消毒、清洗等过程中产生的废水应经处理后，达标排放。

（2）食品加工过程中废弃的食用油脂应集中存放在有明显标志的容器内，按照规定予以处理。

（3）建立餐厨废弃物处置管理制度。餐厨废弃物应分类放置。由经相关部门许可或备案的收运、处置单位处理。

（4）应索取餐厨废弃物收运、处置单位的经营资质证明文件，建立餐厨废弃物处置台账，详细记录餐厨废弃物的种类、数量、去向、用途等情况，定期向监管部门报告。

10.4.3.11 个人卫生

（1）应保持良好个人卫生，操作时应穿戴清洁的工作衣帽，头发禁止外露，禁止留长指甲、涂指甲油、佩戴饰物。

（2）操作前手部应洗净、操作中应保持清洁，受到污染后应及时洗手。

（3）接触直接入口食品的操作人员，有下列情形之一的，应洗手并消毒：

①处理食物前。

②使用卫生间后。

③接触生食物后。

④接触受到污染的工具、设备后。

⑤咳嗽、打喷嚏或擤鼻涕后。

⑥处理动物或废弃物后。

⑦触摸耳朵、鼻子、头发、面部、口腔或身体其他部位后。

⑧从事任何可能会污染双手的活动后。

（4）专间操作人员进入专间时，应更换专用工作衣帽并佩戴口罩，操作前应严格进行双手清洗消毒，操作中应适时消毒。禁止穿戴专间工作衣帽从事与专间内操作无关的工作。

（5）禁止在食品处理区内吸烟、饮食或从事其他可能污染食品的行为。

（6）工作服应定期更换，保持清洁。接触直接入口食品的从业人员的工作服应每天更换。待清洗的工作服应远离食品处理区。

（7）进入食品处理区的非加工操作人员，应符合现场操作人员卫生要求。

10.4.3.12 应急准备

定期检查各项食品安全防范措施的落实情况，及时消除食品安全事故隐患。对可能影响食品安全的紧急情况须制定专项应急预案并定期组织演练。主要有停电、停水、人员查出患传染病、火灾、疑似食物中毒、意外投毒或疑似投毒等。

10.4.3.13 事故报告

发生疑似食物中毒事故，应立即采取有效措施，组织救治，控制剩余膳食，在事发2小时内，向所在地的区（县）食品药品行政主管部门报告，并逐级报告上级主管部门，同时配合开展中毒事故的相关调查。禁止隐瞒不报、谎报或者缓报疑似食物中毒事故的情况。

10.4.3.14 相关方

（1）建立相关方食品卫生安全管理档案。做好相关资料的备案。

（2）集体用餐配送的，应向具有有效食品经营许可证、营业执照，做出食品安全承诺的集体用餐配送单位订购，并签订相关协议。

（3）委托第三方进入本单位进行食品生产、提供餐饮服务的，应委托具有有效食品经营许可证、营业执照的单位，待受委托单位根据《食品经营许可管理办法》规定进行申请或变更，取得食品经营许可证后签订委托协议。

（4）应定期或不定期对集体用餐配送和在本单位内进行食品生产、提供餐饮服务的单位的卫生安全工作进行检查，建立检查记录台账和档案。

（5）建立相关方食品卫生安全评审机制，每年不少于两次对相关方进行评审，对不符合食品卫生安全、环境保护条件的单位予以淘汰。

10.4.3.15 管理监督

安全生产、环境保护及其他职能部门应对食品生产、餐饮服务活动进行管理和监督，特别要加强高温季节餐饮卫生安全的管理监督。

10.4.3.16 记录管理

（1）应根据各项管理制度的规定要求，建立相应的管理记录台账和档案。

（2）记录应至少保存 2 年。

10.4.4 关联文件

无。

10.4.5 附件

无。

11
持续改进

11.1 安全生产环境保护绩效考核管理制度

11.1.1 概述

11.1.1.1 目的

为督促单位提高安全生产、环境保护管理水平，规范集团安全生产、环境保护绩效考核管理工作，特制定本制度。

11.1.1.2 适用范围及有效性

本制度适用于上海电气集团股份有限公司及下属单位，上海电气（集团）总公司及下属单位参照执行。

11.1.1.3 缩写和定义

绩效考核

是指在既定的战略目标下，运用特定的标准和指标，对工作行为和业绩进行评估，并对将来的工作行为和工作业绩产生正面引导的过程和方法。

11.1.1.4 本次调整内容

本制度在 2012 年发布的《安全生产绩效考核管理制度》基础上进行格式调整，并根据《国务院关于进一步加强企业安全生产工作的通知》等对内容进行修订。自本制度发布起，原《安全生产绩效考核管理制度》废止。

11.1.2 职责和授权

责任主体	职责和授权
集团	负责确定集团安全生产、环境保护目标与指标，并对实施情况进行绩效考核
产业集团	负责确定本产业集团安全生产、环境保护目标与指标，并对下属单位实施情况进行绩效考核
单位	参照产业集团程序执行

11.1.3 文件主要内容

11.1.3.1 总体要求

单位按照安全生产、环境保护管理要求，依据安全生产、环境保护方针、目标与指标，对单位安全生产、环境保护的工作情况和目标与指标的完成结果实施考核。

11.1.3.2 目标与指标的下达

（1）集团在年初下达集团安全生产、环境保护年度目标与指标。

（2）产业集团、单位根据上级要求，逐级下达、分解、细化并布置年度安全生产、环境保护目标与指标。

11.1.3.3 绩效报告

（1）单位应以安全生产、环境保护责任书的主要工作和目标为依据，结合安全生产工作开展情况，每季度向上级安全生产、环境保护委员会办公室报告。

（2）单位应向上级提交半年度和年度安全生产、环境保护履职报告书和履职考核自评表。

11.1.3.4 履职考核

集团、产业集团、单位根据《安全生产环境保护履职考核实施办法》，每年年中和年末，对下级单位的履职情况进行考核。

11.1.3.5 考核结果的备案和应用

（1）履职考核结果，应报送本单位安全生产、环境保护委员会。

（2）履职考核完成后15个工作日内，将考核结果予以反馈。

（3）履职考核结果作为上级单位对下级单位主要负责人考评的重要

依据。

11.1.4 关联文件

无。

11.1.5 附件

附件序号	标题	页数
1	安全生产环境保护履职考核实施办法	4
2	主要责任人安全生产、环境保护失职处罚清单	3

附件1 安全生产环境保护履职考核实施办法

1 总体要求

1.1 落实主体责任原则。单位对本单位及下属单位安全生产、环境保护工作负有管理监督职责。领导干部应落实"一岗双责"要求，各级单位党政主要负责人为安全生产、环境保护工作的第一责任人，其他负责人对其所分管范围内安全生产、环境保护工作负责。

1.2 执行奖惩结合原则。建立健全职责明晰、权责一致、奖惩分明的安全生产、环境保护考核机制，并严格奖惩，确保安全生产、环境保护责任落实和目标实现。

1.3 坚持实事求是原则。受考核单位应如实报告安全生产、环境保护工作情况，提供相关资料和数据；考核部门应严格按照考核办法进行客观公正的评价，考核结果要做到公开、公平、公正。

1.4 凡与集团签订《年度安全生产、环境保护工作目标和任务责任书》的单位，均属集团直接考核范围。

2 考核依据

2.1 与集团签订的《年度安全生产、环境保护工作目标和任务责任书》。

2.2 单位内部签订的年度《安全生产、环境保护工作目标和任务责任书》。

2.3 集团布置的相关工作。

2.4 单位主要负责人安全生产、环境保护失职处罚情况。

3 考核内容

3.1 生产安全事故和环境污染事件的总体控制情况。

3.2 政府和集团安全生产、环境保护相关文件和会议精神贯彻落实情况。

3.3 安全生产 16 个主要事项主要负责人签字确认情况。

3.4 组织召开和落实安环委会议情况。

3.5 落实安全生产、环境保护责任制的组织领导、责任分工、措施保障和工作考评情况。

3.6 以安全隐患、环境污染因素排查治理、专项整治、安全生产标准化运行、安全生产和环境保护支撑体系建设和安全生产、环境保护宣传教育培训等为重点的安全生产、环境保护主要工作部署、开展及落实情况。

3.7 重要危险源、污染源的监控管理和应急救援体系建设情况。

3.8 安全生产和环境污染事件的报告、应急救援、调查处理和责任追究及落实情况。

3.9 用于消除事故隐患、防止职业危害、安全生产应急救援、实施安全生产技术改造和环境治理等安全生产、环境保护资金的安排、投入和管理、使用情况。

3.10 集团布置的其他安全生产、环境保护工作开展和落实情况。

4 考核方式

4.1 集团负责对产业集团进行考核。

4.2 产业集团负责对下属单位和部门进行考核。

4.3 单位负责对其下属部门进行考核。

5 考核时间

5.1 每年进行两次考核，每年 7 月份为年中考核，每年 12 月份为年终考核。

6 考核方法

6.1 听取汇报。由被考核单位向考核单位汇报《年度安全生产、环境保护工作目标和任务责任书》所明确的工作任务完成情况。

6.2 查阅资料。查阅被考核对象对《年度安全生产、环境保护工作目标和任务责任书》等所明确的工作任务的计划、部署、开展和落实等相关资料及其他相关材料。

6.3 现场验证。根据考核工作需要，选择性对相关部门、单位进行实地验证。

6.4 综合评定。考核单位根据年度考核结果对被考核单位进行综合评定。

7 考核评分

7.1 根据年度安全生产、环境保护工作目标和任务权重确定考核分值，满分为 100 分。

7.2 有下列情形之一的给予加分，综合加分不超过 5 分：

（1）安全生产、环境保护在管理、技术上有创新并有成效，在集团内具有推广价值的；

（2）安全生产、环境保护工作获得政府部门表彰的。

7.3 有下列情形之一的给予扣分：

（1）单位发生生产安全死亡事故，考评分扣 20 分；

（2）单位发生生产安全重伤事故，考评分扣 5 分；

（3）单位发生严重环境污染事件，被政府部门通报并处罚的，考评分扣 20 分；

（4）产业集团的下属单位发生生产安全死亡事故或发生严重环境污染事件，被政府部门通报并处罚的，考评分扣 10 分；

（5）发生火灾事故（消防局认定）的，考评分扣 10 分。

8 考评分档

8.1 考核结果分为优秀、合格和不合格三档。即，90 分以上的为优秀；81 ~ 89 分的为合格；80 分以下的为不合格。

9 发布

9.1 集团负责产业集团考核结果的通报及反馈。

10 奖惩

10.1 对年度考核为"优秀"的单位给予奖励,奖励金额不低于 5 万元,由该单位行政列支。

10.2 对年度考核不合格的单位,予以通报批评,并对该单位主要领导诫勉谈话。

附件 2 主要责任人安全生产、环境保护失职处罚清单

1 主要责任人的职责

1.1 单位是安全生产、环境保护工作的责任主体,主要负责人是本单位安全生产、环境保护工作第一责任人,对本单位安全生产、环境保护工作全面负责。

1.2 分管负责人协助主要负责人履行安全生产、环境保护职责。

1.3 其他负责人执行对各自职责范围内的安全生产、环境保护工作负责的"一岗双责"责任制。

2 失职情形

2.1 有下列安全生产失职情形之一的,对单位主要责任人进行责任追究:

(1)未取得安全生产许可;不符合生产条件的;违法组织经营、生产的。

(2)安全生产责任制、规章制度、操作规程和教育培训缺失;未遵守设备设施使用、危险作业审批、危险品管控、作业人员持证等规定造成的生产安全责任事故的。

(3)对上级部门和政府监督检查、整改要求拒不接受;对查封的设备设施擅自动用;篡改、伪造或者指使篡改、伪造监测数据的。

（4）未充分保证安全生产投入并有效实施的。

（5）未对本单位安全生产工作进行督促、检查，及时消除生产安全事故隐患，被列入挂牌督办、限期整改未按期、按质完成整改任务的。

（6）未制定、实施本单位的生产安全事故应急救援预案造成后果的。

（7）对生产安全事故未及时组织抢救、如实报告的。

（8）未完成与上级部门签订的责任书目标任务的；或未履行承诺的。

（9）法律法规规定的其他违法行为。

2.2 有下列环境保护管理失职情形之一的，对单位主要责任人进行责任追究：

（1）触犯环境保护红线；未取得企业排污许可证进行排污；或不符合行政许可条件组织生产的。

（2）对环境事故漏报、谎报或者瞒报；对违法行为进行包庇纵容；篡改、伪造或者指使篡改、伪造监测数据的。

（3）对依法做出责令停业、关闭生产的决定未执行的。

（4）对超标排放污染物、采用逃避监管的方式排放污染物、造成环境事故以及不落实生态保护措施造成生态破坏等行为，发现或者接到举报未及时查处的；或被责令整改不落实的。

（5）对执法机构查封、扣押的设施、设备擅自动用的。

（6）环境安全隐患排查治理不足，单位环境保护管理制度和防止突发环境事件措施缺失，引起环境事件发生的。

（7）依法应公开环境信息而未公开的。

（8）将环境保护专项治理费用截留、挤占或者挪作他用的。

（9）发生突发环境污染事件，经调查确认承担领导责任的。

（10）未完成与上级部门签订的责任书目标任务的；或未履行承诺的。

（11）法律法规规定的其他违法行为。

3 责任追究

集团实施安全生产、环境保护失职追责和尽职免责制度。对单位主要责任人因工作失职、渎职而导致事故发生的，进行责任倒查，依法追究相关人员和领导的责任。对安全生产、环境保护工作做出贡献的主要负责人，给予表彰、奖励。

11.2 安全生产环境保护奖惩管理制度

11.2.1 概述

11.2.1.1 目的

为落实单位安全生产、环境保护主体责任，督促安全生产、环境保护工作中做到奖惩分明，特制定本制度。

11.2.1.2 适用范围及有效性

本制度适用于上海电气集团股份有限公司及下属单位，上海电气（集团）总公司及下属单位参照执行。

11.2.1.3 缩写和定义

无。

11.2.1.4 本次调整内容

本制度是在 2012 年发布的《安全生产奖惩制度》和 2014 年发布的《环境保护奖惩制度》基础上进行合并调整，根据《中华人民共和国安全生产法》、《中华人民共和国环境保护法》、《上海市安全生产条例》、《上海市环境保护条例》等对内容进行修订。自本制度发布起，原《安全生产奖惩制度》和《环境保护奖惩制度》废止。

11.2.2 职责和授权

责任主体	职责和授权
集团	安全生产、环境保护委员会办公室负责提出表彰、奖励和处罚建议；安全生产、环境保护委员会负责做出奖惩决定；人力资源部门负责实施奖惩决定；安全生产、环境保护委员会办公室负责督促落实奖惩措施
产业集团、单位	参照集团程序执行

11.2.3 文件主要内容

11.2.3.1 奖励

（1）集团每年开展安全生产、环境保护履职考核，对履职考核优胜单位以及对安全生产、环境保护有突出贡献的单位和个人，应给予奖励，奖励标准由集团安全生产、环境保护委员会确定。

（2）安全生产、环境保护奖金由荣誉单位承担，奖金额度不计入由集团干部人事部门、产业集团、管理部等额定的个人工资总额。

（3）产业集团和单位应制定本单位的安全生产、环境保护奖惩办法，对安全生产、环境保护先进及有突出贡献的人员进行表彰和奖励。

11.2.3.2 处罚

（1）根据《生产安全事故环境污染事件报告处理统计管理》要求，单位发生较大事故、事件（Ⅱ级）的，对事故负有责任的单位主要负责人和安全生产、环境保护分管负责人分别给予10万元以下的经济处罚，并根据事故性质及严重程度进行责任追究，给予包括解除职务在内的各种行政处分。

（2）根据《生产安全事故环境污染事件报告处理统计管理》要求，单位发生一般事故、事件（Ⅲ级）超标的，对事故负有责任的单位主要负责人和分管负责人分别给予5万元以下经济处罚，并根据事故性质及严重程度对单位主要负责人和分管负责人做出其他行政处分。

（3）事故单位主要负责人和安全生产、环境保护分管负责人在事故发生后，已受到政府经济处罚的，通盘考虑扣款数额。

（4）发生一次3人及以上轻伤事故的，按照事故严重程度，由集团安全生产、环境保护职能部门提出处罚意见，报请集团安全生产、环境保护委员会决定。

（5）行政处分和经济处罚由集团安全生产、环境保护职能部门，依据事故调查报告处理意见，向集团提出具体处理建议，经集团安全生产、环境保护委员会领导批准后执行，集团人力资源部门负责落实。

11.2.4 关联文件

制度文件名称	文件类型
生产安全事故环境污染事件报告处理统计管理	制度

11.2.5 附件

无。

11.3 安全生产环境保护管理评审

11.3.1 概述

11.3.1.1 目的

为真实客观地评审并反映安全生产、环境保护水平，指导单位改善安全生产、环境保护条件，提高安全生产、环境保护管理水平，建立完善安全生产、环境保护管理体系，特制定本制度。

11.3.1.2 适用范围及有效性

本制度适用于上海电气集团股份有限公司及下属单位，上海电气（集团）总公司及下属单位参照执行。

11.3.1.3 缩写和定义

管理评审

是指管理者为评价安全生产、环境保护管理体系的适宜性、充分性和有效性而进行的活动。

11.3.1.4 本次调整内容

本版本为初始版本，根据《中华人民共和国安全生产法》、《中华人民共和国环境保护法》等相关要求编制。

11.3.2 职责和授权

责任主体	职责和授权
集团、产业集团	安全生产、环境保护职能部门负责对下属单位的安全生产、环境保护管理评审
单位	负责开展自评、自纠

11.3.3 文件主要内容

11.3.3.1 总体要求

（1）单位主要负责人是安全生产、环境保护管理评审的第一责任人，管理者代表组织实施安全生产、环境保护管理评审。

（2）安全生产、环境保护管理评审原则应坚持贵在真实、关注过程、重在整改。

（3）安全生产、环境保护管理评审工作实行规范化、制度化管理，各单位应建立安全生产、环境保护管理评审的自查、跟踪、整改、分析评估、考核等机制，使安全生产、环境保护管理评审工作贯穿到整个安全生产、环境保护管理过程中，不断完善安全生产、环境保护管理体系。

（4）各单位在安全生产、环境保护管理评审工作中应与集团 SEC-LOVE 管理体系相融合，并注意吸收国内外先进的管理理念和方法与单位的实际相结合。

11.3.3.2 评审内容

（1）评审对象：集团下属生产性单位。

（2）评审依据：

①上海电气安全生产环境保护管理规定；

②上海电气安全生产环境保护管理制度；

③上海电气安全生产环境保护责任书。

（3）评审应包括基础管理（制度）、生产现场（设备设施、作业人员、劳动保护）、环境和考核指标四个方面。评价内容应覆盖安全生产、环境保护有关的各个环节、各个方面，并随生产发展、技术进步和环境变化不断完善和更新。

（4）评审内容（见下图）：

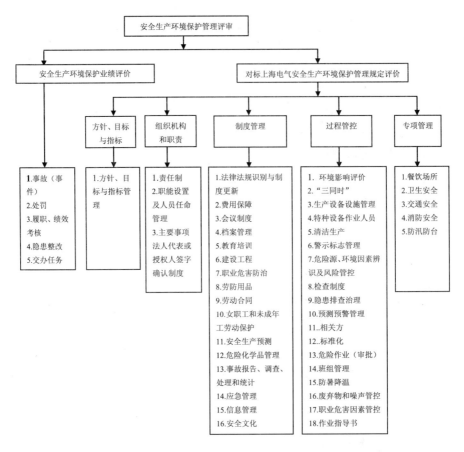

（5）在评审时，没有对应的评审内容可予以剔除。

（6）评审方式包括：单位自评、单位对口互评和上级单位管理评审。

（7）每一次的评审均应形成"安全生产环境保护管理评审结果汇总表"和评价报告书。对评审中提出的不符项，单位应编制整改计划书，明确整改项目、完成时间、整改责任人、整改复查人，被评审后一个月内应将评审报告书、整改计划书一起经单位主要负责人签字后报上级公司。

（8）单位自评每年一次；单位对口互评和上级公司管理评审由上级公司根据管理需求决定。

11.3.3.3 考核

集团对评审结果不做考核，但有下列情况纳入考核：

（1）未能按期完成评审的。

（2）对单位评审中提出的不符合项未做整改的。

（3）在评审、整改工作中弄虚作假的。

11.3.4 关联文件

制度文件名称	文件类型
安全生产环境保护管理评审结果汇总表	表单

11.3.5 附件

无。

表单　安全生产环境保护管理评审结果汇总表

单位名称：　　　　　　　　　单位签章

年产值：　　　　　　　　　在册人数：　　　　年　月　日

安全生产环境保护业绩评价			对标上海电气安全生产环境保护管理规定评价		
序号	评价项	不符合项	序号	评价项	不符合项
①	事故、事件		①	方针、目标与指标	
②	处罚		②	组织机构和职责	
③	履职、绩效考核		③	制度管理	
④	隐患整改		④	过程管控	
⑤	交办任务		⑤	专项管理	
单项评价说明			对标评价说明		

评审意见：
诚信承诺：本次评审结果真实，无隐瞒，无虚报。   评价负责人（签名）：　　　　　　　年　月　日
单位主要负责人（签名）：　　　　　　年　月　日